纺织服装"十四五"部委级规划教材

郑晶　张文斌　主审

服装款式设计

蒋黎文　主编

東華大學 出版社

·上海·

内容提要

　　本书是服装设计与工艺专业教材，主要内容包括7项任务，即认识服装款式图、生产工艺单制作、裙子的款式设计、裤子的款式设计、衬衫的款式设计、女外套的款式设计、系列款式拓展设计与绘制等。按照技能培养的规律模块和知识的递进性，本书分7项任务和43项学习活动，操作性强。

　　本书由浅入深、注重实践、图文并茂、内容丰富、通俗易懂，既可作为专业教材，还可作为服装爱好者的参考书籍和服装从业人员岗位培训教材。

图书在版编目（CIP）数据

　　服装款式设计/ 蒋黎文主编. – 上海：东华大学
出版社，2019.10
　　ISBN 978-7-5669-1663-1
　　I. ①服… II. ①蒋… III.①服装设计 – 中等专业
学校-教材 IV. ①TS941.2
　　中国版本图书馆CIP数据核字(2019)第233542号

责任编辑　吴川灵
封面设计　雅　风

服装款式设计
FUZHUANG KUANSHI SHEJI
蒋黎文　主编
东华大学出版社出版
（上海延安西路1882号　邮政编码：200051）
新华书店上海发行所发行　上海颛辉印刷厂有限公司印刷
出版社官网：http://dhupress.dhu.edu.cn/
出版社邮箱：dhupress@dhu.edu.cn
发行电话：021-62373056
开本：889 mm×1194 mm　1/16　印张：14　字数：495千字
2022年10月第1版　2022年10月第1次印刷
ISBN 978-7-5669-1663-1
定　价：58.00元

本书编写人员

主　编　蒋黎文
副主编　方　闻
主　审　郑　晶　张文斌
参　编　于　珏　岳丽莎

编委会

序

　　为进一步贯彻落实教育部中职服装类专业——服装设计与工艺、服装制作与生产管理、服装表演专业三个教学标准，促进中职服装专业教学的发展，教育部全国纺织服装职业教育教学指导委员会中等职业教育服装专业教学指导委员会和东华大学出版社共同发起，组织中职服装类三个专业教学标准制定单位的专家以及国内有一定影响力的中职学校服装专业骨干教师编写了中职服装类专业系列教材。

　　本系列教材的编写立足于服装类三个专业——服装设计与工艺、服装制作与生产管理、服装表演专业的教学标准，在贯彻各专业的人才培养规格、职业素养、专业知识与技能的同时，更注重从中职学校教学和学生特点出发，贴近实际，更充分渗透当今服装行业的发展趋势等内容。

　　本系列教材编写以专业技能方向课程和专业核心课程为着力点，充分体现"做中学，学中乐"和"工作过程导向"的设计思路，围绕课程的核心技能，让学生在专业活动中学习知识，分析问题，增强课程与职业岗位能力要求的相关性，以提高学生的学习积极性和主动性。

　　本系列教材编写过程中，得到了中国纺织服装教育学会、教育部全国纺织服装职业教育教学指导委员会中等职业教育服装专业教学指导委员会、东华大学、东华大学出版社领导的关心和指导，更得到了杭州市服装职业高级中学、烟台经济学校、江苏省南通中等专业学校、上海群益职业学校、北京国际职业教育学校、合肥工业学校、广州纺织服装职业学校、四川省服装艺术学校、绍兴市柯桥区职业教育中心、长春第一中等学校等学校的服装专业骨干教师积极响应。在此，致以诚挚的谢意。

　　相信经过大家的共同努力，本系列教材一定会成为既符合当前职业教育人才培养模式又体现中职服装专业特色，在国内具有一定影响力的中职服装类专业教材。

　　编写内容中不足之处在所难免，希望大家在使用过程中提出宝贵意见，以便于今后修订、完善。

倪阳生

前　言

国家教育部发布的《国立职业教育改革实施方案》提出：改革开放以来，职业教育为我国经济社会发展提供了有力的人才和智力支撑，现代职业教育体系框架全面建成。随着我国进入新的发展阶段，产业升级和经济结构调整不断加快，各行各业对技术技能人才的需要越来越紧迫，职业教育重要地位和作用越来越凸显。因此要严把教学标准和毕业学生质量标准两个关口，将标准化建设作为统领职业教育发展的突破口，完善职业教育体系，建立健全学校设置、师资队伍、教学教材、信息化建设等办学标准，落实好立德树人根本任务，健全德技兼修、工学结合的育人机制。

群益中等职业学校经过三十多年的建设，在硬件和软件的建设上都有长足进步，达到国家规定标准，于 2015 年成为全国中职示范院校。我校服装专业已建立能力上具有"双师"资格，学历上大都具有本科及硕士研究生学历的教师队伍，办学上采取与长三角时装产业紧密合作，注意应用产业发展的新技术新方法，使教学密切与生产实际相结合，坚持"产校合作"的办学理念。专业招生规模及学生培养质量都位列上海首位，逐步实现立足上海、服务长三角、辐射边疆的办学方向。

为贯彻教育部关于职业教育的相关指示，展示富有成效的教学案例，我校服装专业组织优秀教师和受邀校外专家编写具有实用性、时尚性、技术性等特点的《群益职校服装专业课程校本教材》。本套教材共有五本，分别为《服装款式设计》、《服装面料设计》、《服装陈列》、《服装款式、结构与工艺——男西裤》、《服装款式、结构与工艺——女衬衫》。由国内服装专业图书出版权威单位——东华大学出版社出版与发行。

本套教材有以下几个特点：

第一具有创新性。相对于中职已有教材，本教材适应服装专业的教学改革需求，打破传统的款式、结构、工艺三者割裂的教材模式，将三者连贯起来，按服装品类将款式、结构、工艺相关的内容贯穿在同一本教材内，使得学生能更系统更深入地学习同一服装品类的相关专业知识。

第二具有时尚性。相对于中职已有教材，本教材摒弃了现代服装产业已不用或少用的技术手法，款式设计思维及举证的案例都是紧贴市场，具有时尚感的部件造型及整体造型，使读者开卷感受到喜闻乐见的时代气息和设计的时髦感。

第三具有实用性和理论性。本教材除了秉持中职教材必须首先强调实用性的同时，注意适当加强专业整体内容的理论性，即让学生既能学到产业中实用的设计与制作方法，又能学到贯穿于其中的理性的有逻辑联系的规律，使学生在今后的工作中有理论的上升空间。

本套书从形式到内容上都是中职服装教材的一种创新，该书不但可作为中职院校服装专业学生的教学用书及老师的教学参考书，也可作为服装产业设计与技术人员的业务参考书，期待它能起到它应起的作用。

本套书组织了本专业的相关责任教师进行编写工作，《服装款式设计》由蒋黎文主编；《服装陈列与展示》由方闻主编；《服装款式、结构与工艺——男西裤》由谢国安主编；《服装款式、结构与工艺——

女衬衫》由吴佳美主编；《服装面料设计》由于珏主编。本套书由东华大学服装与艺术设计学院张文斌教授主审，参加编审工作的还有东华大学服装与艺术设计学院的李小辉副教授、常熟理工学院的王佩国教授和郝瑞闵教授、厦门理工学院的郑晶副教授和王士林副教授等。此外对参与本书编辑出版工作的东华大学出版社吴川灵编审及相关人员表示衷心的感谢。

　　本套书的出版是我们的努力与尝试，意图抛砖引玉。由于我们学识有限，编撰难免有不当之处，在此诚请相关产业及院校同仁给予指教。

编者

目　录

任务一 认识服装款式图

学习目标

- 理解服装款式图的概念、原理、形式等内容
- 掌握服装款式图的绘制工具
- 掌握服装款式图绘制的基本方法
- 掌握服装款式图绘制的基本规范
- 灵活运用绘制工具表达创意

工作情境描述

设计师助理Alice的新工作是到XX企业担任设计师助理，任务是整理设计师手稿，将设计师所画的手稿整理成规范的款式图。

工作流程与活动

- 学习活动1 什么是服装款式图（2学时）
- 学习活动2 服装款式图的表现（8学时）
- 学习活动3 服装款式图的功能及强化练习（8学时）
- 学习活动4 服装款式图的审视要点与绘制规范（2学时）

学习活动1 什么是服装款式图

学习目标

● 了解服装款式图的概念、原理
● 了解服装款式图的形式

学习准备

● 通过网络查找并获取各类服装款式实物照片
● 通过网络收集不同表现形式的服装款式图

学习过程

【小知识】什么是服装设计?

　　服装设计和其他设计一样是一个艺术创作的过程,是艺术与商业的统一体,与人、社会这两者密不可分。它是以服装为对象,运用恰当的设计语言完成整个着装状态的设计过程。

　　今天我们所说的服装设计,是在服装进入现代化细致分工的大工业生产阶段后才被确立下来的,一方面是指设计的企划和创意思考,另一方面是指思维的实现,即设计的物化。

Christian Dior 2019 PF

Emporio Armani 2019 S/S

图 1-1-1　成衣设计

😊 认识服装设计中的几种绘图表达形式

一、服装设计草图

服装设计草图是设计师在表达初步的思考、想法时最常用的绘图表现形式。设计师为了抓住转瞬即逝的灵感和创意，通常会运用简练的线条勾勒整体的着装形象。服装设计草图没有固定的表现形式，有的设计师往往不拘泥于单一的绘画工具，将剪纸、拼贴、拓印、涂抹等技法综合运用在草图绘制中。服装设计草图不强调精确的款式或细节，将着装的整体造型感受表达出来是其重要目的，因此，服装设计草图轻松、写意的强烈视觉氛围能带给观众丰富的联想。

图 1-1-2 服装设计草图

二、服装效果图

服装效果图表现的对象是人的服饰形象，着重研究人体的比例、动态、运动规律及服装变化，用线条和色彩描绘服装的整体造型和结构。服装效果图更注重整体着装效果的表达，力图接近真实的着装感受，往往会强调色彩、材质、质感、明暗等视觉效果。它是设计师的想象在纸上具体化、视觉化呈现的关键手段之一。但有时因为受绘画材质和绘画能力的局限，对于服装款式本身的表达会有制约。

Color Bomb

图 1-1-3 服装效果图

三、服装款式图

服装款式图是指着重以平面图形特征表现的、含有细节说明的服装款式表现图示，通常由具体款式的正、背面构成。从服装成品来看：服装的款式中实际包含着面料、色彩的信息；从过程来看：服装款式图绘制是独立于色彩搭配、面料选择之外服装设计的一个程序；从表现来看：服装款式图可以不用借助人物形象的完整描述，就能清晰表现服装款式本身的造型、结构特点及设计细节。

服装款式图的作用主要体现在以下几个方面：

● 服装款式图在企业生产中起着明示、说明、规范、指导的作用。

● 服装款式图是服装设计师创意构思的准确表达。

● 服装款式图是企业内部信息流通的重要载体。

● 服装款式图具有完整的企业知识产权，是企业的重要资产。

图 1-1-4　服装款式图

5

四、服装款式效果图

服装款式效果图是指在服装款式图线稿的基础上，为进一步表现服装款式的色彩、面料、图案、装饰、质感、肌理、层次、明暗、体积等视觉效果，以求描绘更丰富、更完整、更全面的服装款式特征。

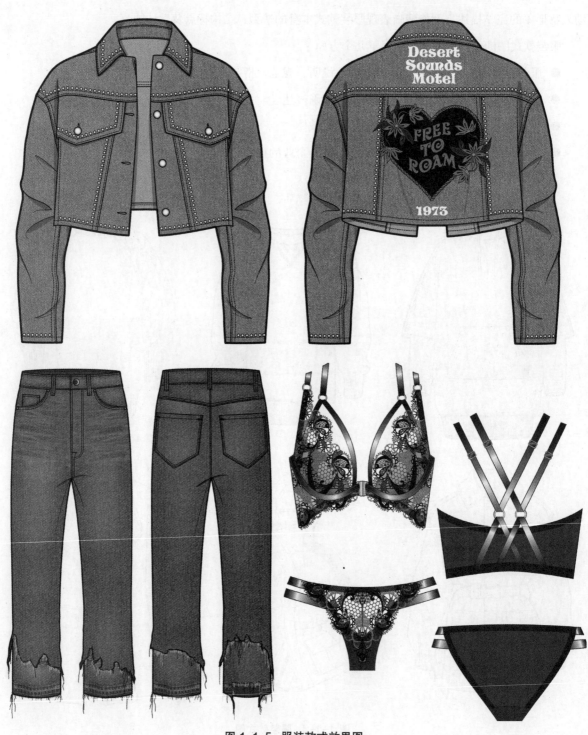

图 1-1-5　服装款式效果图

学习活动2 服装款式图的表现

学习目标

- 了解服装款式图表现的工具
- 了解服装款式图表现的技法

学习准备

- 各类服装款式实物照片，服装款式图范例

学习过程

☺ 服装款式图表现的工具

● 活动铅笔+笔芯

　　绘制款式图常用活动铅笔代替绘图的基础线笔，粗细有 0.3、0.5、0.7 毫米，常用笔芯用 HB~2B，B 即黑（Black），H 即坚硬（Hard）的意思；HB~2B 的铅笔软硬适中，不容易破坏纸张，绘制款式图时常常用来起稿。

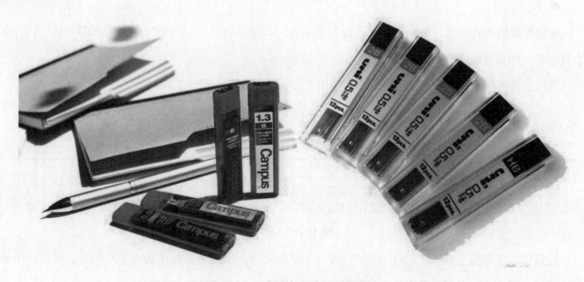

图 1-2-1 活动铅笔与可更换笔芯

● 针管笔

针管笔又称绘图墨水笔，是专门用于绘制墨线线条图的工具，可画出精确且具有相同宽度的线条。针管笔的针管管径的大小决定所绘线条的宽窄。针管笔有不同粗细，其针管管径有从 0.05~1.2mm 的各种不同规格。在绘制款式图时，至少应备有细（0.2mm）、中（0.5mm）、粗（0.8mm）三种不同粗细的针管笔。

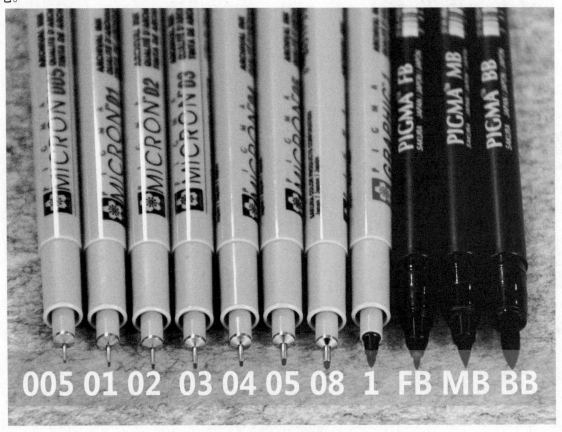

图 1-2-2　针管笔

● 尺

在绘制服装款式图时，特别是在工艺说明图示时，必须借用直尺、三角尺、角度尺等工具，让线条绘制达到对称规范的效果。

直尺：直的尺子，用来测量长度，广泛应用于数学、测量、工程等学科。

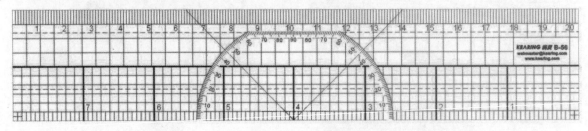

图 1-2-3　直尺

三角尺：三角尺上有 45°、90°、30°、60°、90° 角尺边。将一块三角尺和丁字尺配合，按照自下而上的顺序，可画出一系列的垂直线。将丁字尺与一个三角尺配合，可以画出 30°、45°、60° 的直线。

● 曲线板

曲线板，也称云形尺，是一种内外均为曲线边缘常呈旋涡形的薄板，用来绘制曲率半径不同的非圆自由曲线，如服装款式图中的领圈、袖窿弧线、弧线开刀等，是重要的绘图工具之一。

图 1-2-4　曲线板

● 纸张

曲款式图绘制以卡纸、铅画纸、打印纸等纸张最为常用。

卡纸：介于普通纸和厚纸板之间的一类具有较厚质地的纸的总称，纸面较细致平滑，坚挺耐磨。

图 1-2-5　卡纸

图 1-2-6　铅画纸

铅画纸：铅画纸指的是素描纸。纸质薄、质硬、表面粗糙，适合表现铅笔画的质感和层次，是最常用的基础绘画用纸。

打印纸：打印纸是指打印文件以及复印文件所用的一种纸张。采用国际标准规格，以 A3、A4规格比较常用。

图 1-2-7　打印纸

● 马克笔

马克笔通常用于快速表达设计构思以及设计效果图，有单头和双头之分，能迅速表达效果，是当前最主要的绘图工具之一。

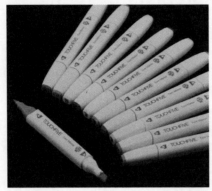

图 1-2-8　马克笔

😊 服装款式图的表现技法

一、准备工作

开始绘制服装款式图之前，首先需要对人体结构和比例关系有一个深刻的理解，款式绘制的表现基础是以真实的人为载体，不是肆意表达创意的设计草图，需要达到工业生产的标准和规范。因此，在尚未建立起对人体结构和比例关系认识之前，所绘制的服装款式图一定会或多或少地存在一些问题。

初学的同学可以花点功夫为自己准备一个人体比例模板，以方便今后更加快速地表现服装款式图。

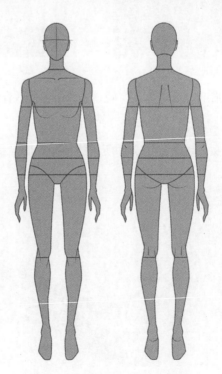

图 1-2-9　服装款式图人体模板

二、手绘服装款式图步骤

步骤一：沿模板将人体外轮廓用笔勾出。

步骤二：画出衣服的中线，上部和下摆的大致位置参考线，定好宽度。

步骤三：画出衣服的基本款式、廓形和大致的内部结构，擦除参考线。

步骤四：细致描绘款式的结构、部件、细节。

步骤五：刻画衣服的褶皱及细小的转折，丰富款式图的视觉效果。

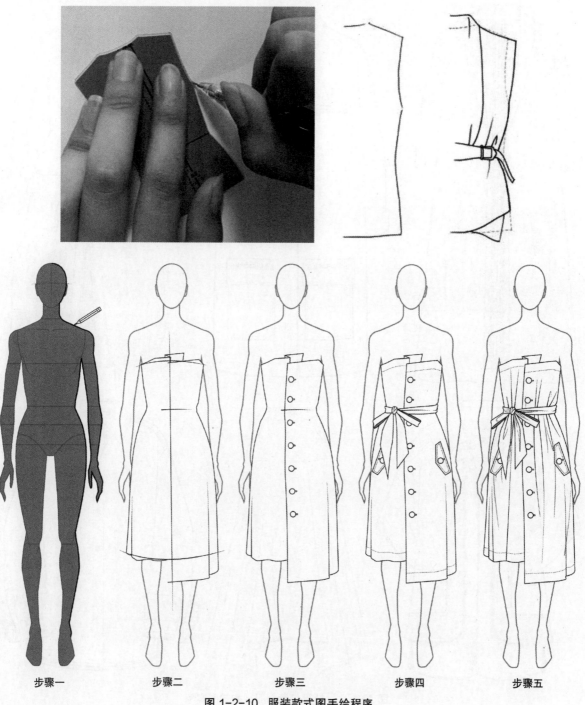

| 步骤一 | 步骤二 | 步骤三 | 步骤四 | 步骤五 |

图 1-2-10 服装款式图手绘程序

三、计算机软件绘制服装款式图

借助软件工具绘制服装款式图是对已经掌握了手绘服装款式图绘制技巧的更高要求。目前企业中已经比较全面地采纳了使用软件来绘制服装款式图，比较常用的软件是Adobe 公司的Illustrator 和Corel 公司的CorelDRAW等矢量软件。对于矢量软件绘制服装款式图的操作方法和步骤，本书第七章会有适当介绍，但具体的软件学习还需要计算机辅助设计课程来完成，本节将不做深入的叙述。图1-2-11是采用软件绘制的比较优秀的服装款式图案例。

图 1-2-11 计算机绘制服装款式图案例

12

学习活动3 服装款式图的功能及强化练习

学习目标

● 了解服装款式图的基本功能
● 了解服装款式图的适用范围

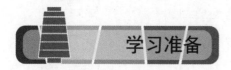

学习准备

● 通过网络查找并获取各类服装款式实物照片
● 通过网络收集不同表现形式的服装款式图

学习过程

【小知识】服装设计三要素

服装设计包含三个最基本的要素，即款式、色彩和面料。

😊 认识服装款式图的基本功能

服装设计工作顺应社会发展以及企业工作流程的需要，分为款式设计、结构设计、工艺设计三个主要阶段。

一、服装款式图在第一阶段服装款式设计中的主要功能是什么？

服装款式设计阶段的主要任务是使用电脑或手绘的形式，表现服装款式的造型、结构、色彩、材质、服装的外轮廓形、内部结构、部件，以及更多需要明确的设计细节。在这个阶段，服装款式图展示了设计师的设计意图，让人能直观地观察到款式的基本特征，是长款还是短款，是有领或无领等。

二、服装款式图在第二阶段服装结构设计中的主要功能是什么？

结构设计阶段是将款式设计的结构演绎成合理的空间关系，将款式图分解、展开成平面的服装衣片结构图。在这个阶段，服装款式图承担起明确款式的比例关系的任务。依据款式图，版型师能够判断款式是贴身还是宽松，分割线是从哪个部位到哪个部位，腰线是高还是低等。

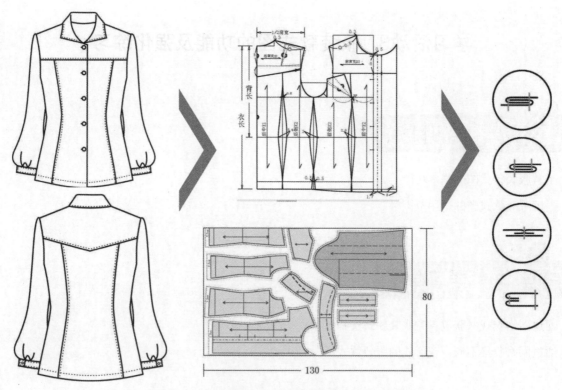

图 1-3-1 服装款式图—服装结构图—服装工艺图

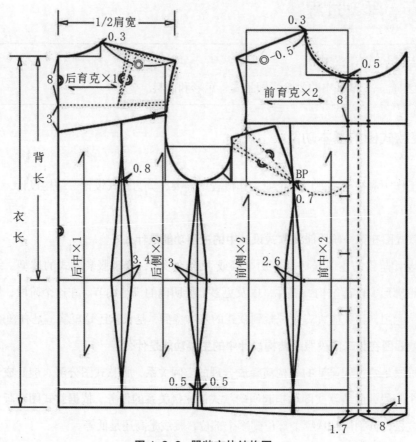

图 1-3-2 服装衣片结构图

14

三、服装款式图在第三阶段服装工艺设计中的主要功能是什么?

工艺设计阶段是以款式图与结构设计图为依据,进行合理的生产安排,包括尺码规格的制订、辅料的配用、缝合方式与定型方式的选择、工具设备和工艺技术措施的选用以及成品质量检验标准等。在这个阶段,服装款式图会给工艺师或样衣师明确服装制作中如切线、套结、边缘处理等方面的细节信息。

四、你知道服装款式图在服装设计工作三阶段中的作用吗?

之所以将以上三个阶段统称为服装设计工作,是因为这三个阶段都是服装设计整体的组成部分,三个阶段都能承担修改和完善设计的工作。服装款式图是由设计师发起,在这三个环节传递,甚至会一直传递到成衣入库。所以,服装款式图是服装设计工作中重要的信息载体和媒介,有效地连接起各方面的相关工作。

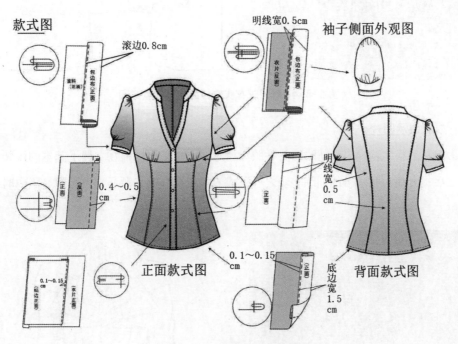

图 1-3-3 服装工艺设计图

😊 服装款式图的强化练习

来源一、成衣实物样品

以服装成衣实物为服装款式图绘制的学习对象是刚刚接触服装款式图绘制的非常有效且非常必要的手段。成衣款式实物真实地将服装的款式、比例、结构、部件、细节等内容展示出来,我们所看到的对象就是服装款式图需要表现的全部内容。绘制过程中,我们需要仔细观察服装的每一个部位,每一根线条,弄清楚部件与部件之间的前后层次关系、透视关系。绘制完成后再对照成衣实物反复比对、推敲,力求尽可能地将自己所看到的内容全面展示出来。只有这样,我们才能加深对真实服装的理解,今后在创作的过程中才会对所绘制的服装款式最后做出来的成衣效果做到心中有数。

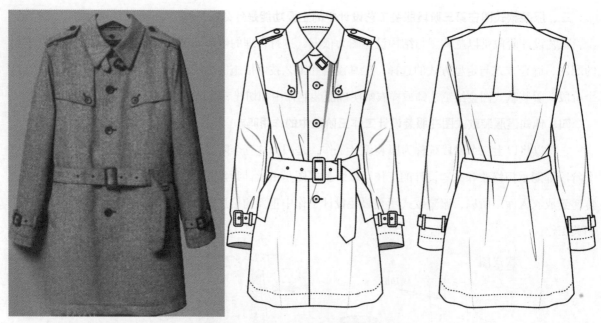

图 1-3-4 对照成衣实物样品绘制的款式图

来源二、成衣展示图片

成衣展示图片是服装款式图绘制的重要参照对象之一，也是设计师在掌握了基本的服装款式图绘制手段与技巧之后提升能力和水平的训练手段之一。成衣展示图片的来源通常以国际、国内时装周发布的流行趋势为主。

ASHI STUDIO 2019 S/S

图 1-3-5 对照服装趋势图片绘制的款式图1

当然，品牌宣传册、海报、品牌官网上的服装图片，以及购物网站中的服装展示图片都可以成为服装款式图绘制的参照对象。

FENDI 2019 F/W   FENDI 2019 F/W

图 1-3-6 对照服装趋势图片绘制的款式图2

图1-3-6 所获取的趋势图片是比较理想的参照对象，因为正、背面的形象比较完整，我们能够准确地判断和绘制服装的款式造型以及结构、比例关系，甚至对一些细节都能做到准确的再现。但这种情况并不是经常能遇到，我们收集的趋势图片往往正面居多，背面缺失，给我们参照练习带来了诸多不便。

在参照着装状态下的成衣实物照片时，往往会遇到如服装受人体动态的影响使得服装的局部发生较大的变形，如图1-3-6的下摆；或者获取的图片只有正面，使得我们对背面的结构与细节无法准确掌握（图1-3-7）。这时，我们在绘制中，尤其是绘制背部款式图时就需要展开联想，根据正面的结构处理方

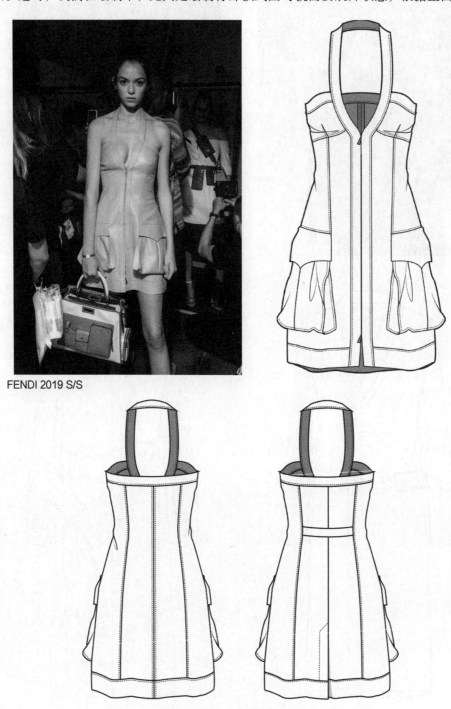

FENDI 2019 S/S

图 1-3-7 对照服装趋势正面图片绘制的背部款式图

18

式来构建背部，所绘制的背部款式从造型、结构到工艺细节要尽可能符合正面的风格特征。

图1-3-7所绘制的两款背部款式图，与正面对应起来观察都是合理的，都能较好地符合正面的款式风格特征和工艺细节特点。

来源三、服装效果图

作为一个合格的设计师，当你将头脑中的想法用服装效果图的形式表达出来的同时，你应该相应地构建出与服装效果图所反映出来的内容相一致的服装款式图。而这种能力在刚刚毕业进入企业工作时就能快速地用上，作为设计师的助手，大量工作需要将设计师的效果图还原成企业标准的款式图。

针对以服装效果图为参照详细地绘制服装款式图，需要同学们注意理解设计师的真正意图，这是其一。其二是需要运用所学，尤其是对服装结构和服装工艺的理解，帮助设计师进一步完善服装最终的成型效果。

设计师在绘制手稿或效果图时往往会忽略服装真正的造型合理性以及剪裁的科学性，这时候我们需要对效果图的款式做多方面的审视，以多种可能性预案为基础，勾画出最合理、最经济、最能达到理想效果的款式廓形、结构、分割以及细节等内容，力争使得效果图中线条不准确、细节辨识不清、前后关系混乱等问题通过你的绘制，达到精准、合理的效果。

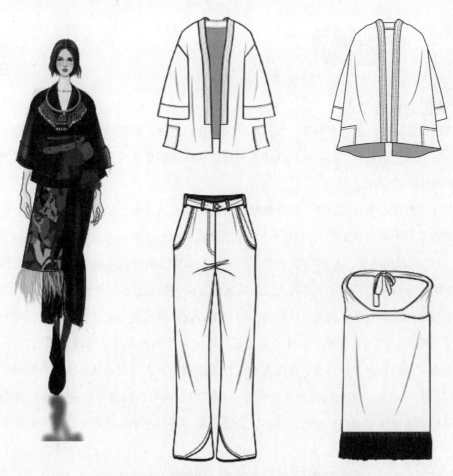

图 1-3-8　对照服装效果图绘制的正、背部款式图

19

学习活动4　服装款式图的审视要点与绘制规范

- 了解服装款式图的审视要点
- 了解服装款式图的绘制规范

- 通过网络查找并获取各类服装款式实物照片
- 通过网络收集不同表现形式的服装款式图

☺ 服装款式图的审视要点

服装款式图通常从三个角度来审视，也就是分别站在设计师、版型师、工艺师的角度来审视。由于我们在绘制服装款式图时基本上都是采用线条来实现，因此我们更多地是通过线条绘制的完整、准确与否来评判款式图作品的好坏。

一、从设计师的角度来看款式图。需要判断你所绘制的款式是否已经全面表达出来，所要绘制的部件是否都画完整了。初学者常犯的毛病是过分关注服装款式图的正面，忽视背面、小部件或细节等。如图1-4-1中，红色线框内的部件左右对照来看，少了一个口袋、袖口的小细节丢失。完整性是设计师绘制服装款式图的先决条件，其次才考虑款式绘制的其他方面，如美感、立体感、空间感、层次感等。

二、从版型师的角度来看款式图。从版型师的角度看设计师传递过来的款式图，是制作服装版型的关键依据。要看服装款式的结构是否合理，服装部件之间的比例关系是否准确。如图1-4-2中口袋的大小与袖口的大小之间的比例关系有误，首先视觉上就不舒服，其次口袋的比例太小会影响手的进出；另外像背部下摆开衩的处理，图中的处理方式并非不可实现，但外套的开衩处理应是在背中拼缝的基础上实现的，这样一条短线就表达开衩的款式图，会让版型师理解起来非常吃力，甚至影响最后的成衣效果。

三、从工艺师的角度来看款式图。工艺师是实现设计师所绘制的款式的最终呈现者，是服装从图示向实物成品转化的最后实现者。工艺师往往会与版型师交流成衣的制作工艺，但是设计师所绘制的款式

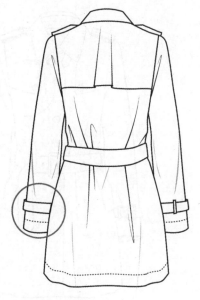

图 1-4-1　设计师容易忽略的款式图绘制误区

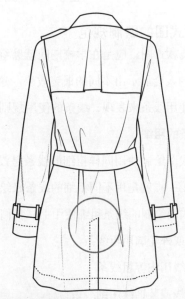

图 1-4-2　影响版型师理解的款式图绘制误区

图依然是版型师和工艺师参照的重要依据。初学者通常会在款式图中进行工艺图示标注的时候产生一些模糊不清或者错误的地方，需要在训练过程中引起足够的重视。如图1-4-3中胸部的两个活片纽扣部位，一个有扣眼一个没有，很容易被理解成一个是钉扣子，一个是装四合扣，两种工艺就要分成两道不同的工序，就比单一工序要更复杂，且成本更高。

　　另外，值得注意的一点是工艺线的处理，前后要一致。如图1-4-3中的背部款式图，与正面联系起来看，翻领的边缘是有压线处理的，背面却没画，很容易让人误解只有前面有压线，而后面不压。而常规我们在边缘压装饰线的工艺处理方式一般会贯通到底，也就是正背面在相同的部位都会出现线迹。服装款式图工艺线的处理要一致还体现在视觉感官上，图1-4-3中下摆的切线就是典型的没有达到一致的效果，正面宽，背面窄，虽然实现起来没有问题，但视觉感官上就大打折扣，影响了服装的整体品质。

21

图 1-4-3 影响工艺师理解的款式图绘制误区

🙂 服装款式图的绘制规范

画好服装款式图，应是在学校期间就磨练好的技能，而不是工作后再去获得。绘制同一款服装的款式图，不同的人会展示出不同的最终效果。这种技能有它特殊的规律和一定的范式。服装款式图的绘制基本上都是使用线条来表现，线条的使用规则就成为服装款式图绘制效果成败与否的关键。

一、线条的粗细

服装款式图绘制使用同样粗细的线条是没有问题的，但人的视觉感受更容易接受有变化的线条，我们能做到的第一点就是用不同粗细的线条来绘制，以增强款式图的视觉丰富程度。

服装款式图绘制的线条粗细使用上，我们可以遵循以下原则。

● 廓形或外轮廓用粗线条

● 结构线用中等粗线条

● 工艺线或装饰线用细线条

二、层次关系

服装款式图中部件与部件的叠加位置是产生层次效果的关键部位，尤其是边缘部位需要在绘制过程中加以重视。我们经常看到，不少案例为了绘制的简便，或为了图省事，将部件的叠加层次忽略。如图1-4-7中，口袋部位在外轮廓处，被简化成了平直的边缘线，使得袋体、袋盖与衣片之间的层次感完全缺失。

再如图1-4-8中，腰带附着在衣服上会形成层次的叠加效果，但图中简单化处理成与边缘轮廓线平顺的效果，使得腰带应有的层次缺失了。

三、空间关系

服装款式图绘制中有一些体现服装空间关系的地方需要引起关注。虽然忽略这种关系不至于导致服

22

宽度2mm的线条

宽度1mm的线条

宽度0.2mm的线条

图 1-4-4　线条的粗细

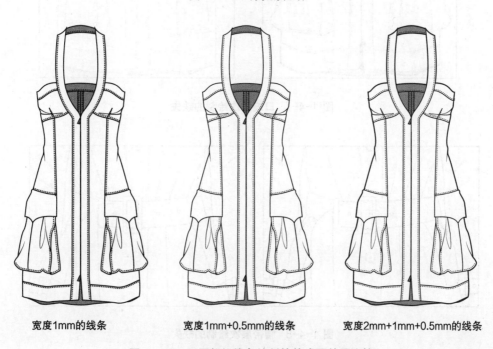

宽度1mm的线条　　　　　宽度1mm+0.5mm的线条　　　　　宽度2mm+1mm+0.5mm的线条

图 1-4-5　不同粗细线条绘制的款式图效果比较

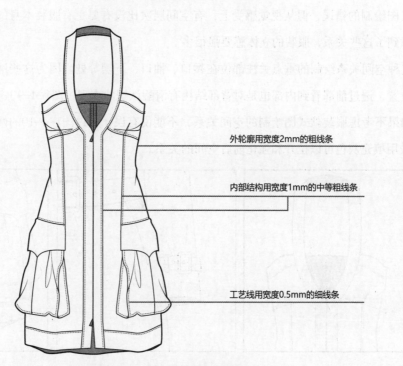

外轮廓用宽度2mm的粗线条

内部结构用宽度1mm的中等粗线条

工艺线用宽度0.5mm的细线条

图 1-4-6　在款式图上使用不同粗细线条绘制

23

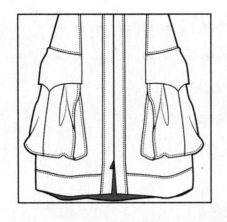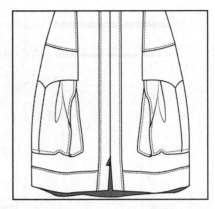

图 1-4-7 口袋层次绘制的缺失

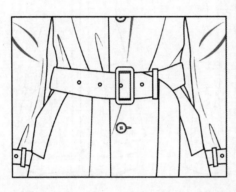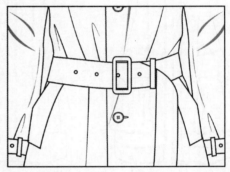

图 1-4-8 腰带层次绘制的缺失

装款式图绘制的错误，但从视觉感受上，有空间层次比没有要更有服装本身的特点。一旦在绘制的过程中注意到了这些关系，服装的立体感要强很多。

这种空间关系绘制的重点关注部位在领口、袖口、下摆等处。因为这些地方是很容易观察到前后部件的位置，透过前部看到内部也是对背部结构有清醒认识的表现（图1-4-9）。

如果不考虑服装款式图绘制的空间关系，不能说有误，通过图1-4-10的两种绘制方式的比较，我们发现采用填充灰色可以拉开和强化前后空间的关系。

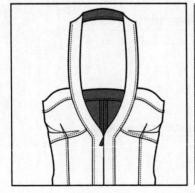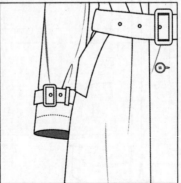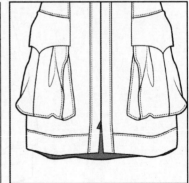

图 1-4-9 领口、袖口、下摆的空间层次关系

图 1-4-10　有空间关系和无空间关系的绘制效果比较

☺ 服装款式图绘制常见的一些问题

　　画好服装款式图的关键在于仔细，初学者应养成好的习惯，避免粗心和马虎大意。以下几个问题值得大家在学习和训练的过程中重视，引以为戒。

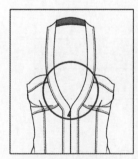

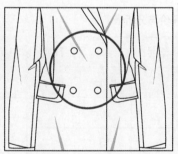

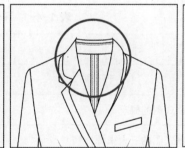

画正面忘记画背面，从领口透过去显然是能观察到内部结构的。

画扣子不画扣眼，这一点其实有一些争议，但有扣眼会更加明确。

上领是往上弧还是往下弧存在一些争议，但往上弧的视觉效果要精神许多，如图1-4-10；翻领一定要超过外轮廓线，否则翻领的效果会大打折扣。

裤门襟边缘是结构线，用实线，但旁边的线是工艺线，是装拉链的位置，因此只能是虚线。

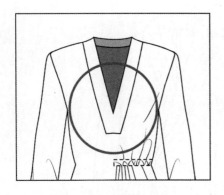  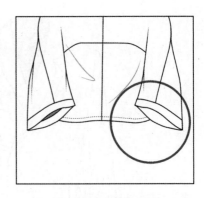

镶边的领口要注意结构与工艺的实现方式,尽量不要因为粗心让成衣的实现难度增加。

褶皱、花边等部件的绘制需要更多地关注面料转折后形成的层次与空间变化,与左侧裙摆相比,圆框内的裙摆就显得不真实。

一旦在款式图中营造出了空间关系,那么对该空间中可能形成的状态要心中有数,与左侧袖口比较,圆框内就没能认识到袖口的拼接设计可能会在内部形成哪种状态。

作业布置

● 准确分辨服装草图、服装效果图、服装款式图、服装款式效果图。
● 由教师带领学生到企业设计部门观摩,了解设计师工作情况。

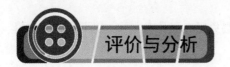
评价与分析

表 1-4-1 评价与分析表

班级		姓名		学号		日期	
序号	评价要点				配分	得分	总评
1	能陈述服装款式图的概念				10		
2	能说出服装款式图的三大来源				15		A □（86~100） B □（76~85） C □（60~75） D □（60 以下）
3	已经准备好了绘制服装款式图的工具				40		
4	能描述教师提供的服装案例的外形情况				15		
5	能和其他同学交流沟通学习内容				10		
6	及时完成老师布置的任务				10		

任务评价

表1-4-2 活动过程评价表

班级			姓名		学号		日期		年 月 日		
评价指标	评价要素						权重	等级评定			
								A	B	C	D
信息检索	能有效利用网络资源、工作手册查找有效信息						5%				
	能用自己的语言有条理地去解释、表述所学知识						5%				
	能将查找到的信息有效转换到工作中						5%				
感知工作	是否熟悉工作岗位，认同工作价值						5%				
	在工作中是否获得满足感						5%				
参与状态	与教师、同学之间是否相互尊重、理解、平等						5%				
	与教师、同学之间是否能够保持多向、丰富、适宜的信息交流						5%				
	探究学习、自主学习不流于形式，处理好合作学习和独立思考的关系，做到有效学习						5%				
	能提出有意义的问题或能发表个人见解；能按要求正确操作；能够倾听、协作、分享						5%				
	积极参与，在产品加工过程中不断学习，提高综合运用信息技术的能力						5%				
学习方法	工作计划、操作技能是否符合规范要求						5%				
	是否获得了进一步发展的能力						5%				
工作过程	遵守管理规程，操作过程符合现场管理要求						5%				
	平时上课的出勤情况和每天完成工作任务情况						5%				
	善于多角度思考问题，能主动发现并提出有价值的问题						5%				
思维状态	是否能发现问题、提出问题、分析问题、解决问题、创新问题						5%				
自评反馈	按时按质完成工作任务						5%				
	较好地掌握了专业知识点						5%				
	具有较强的信息分析能力和理解能力						5%				
	具有较为全面严谨的思维能力并能条理明晰地表述成文						5%				
自评等级											
有益的经验和做法											
总结反思建议											

等级评定：A：好　B：较好　C：一般　D：有待提高

表 1-4-3 活动过程评价互评表

班级			姓名		学号		日期		年　月　日		
评价指标	评价要素						权重	等级评定			
								A	B	C	D
信息检索	能有效利用网络资源、工作手册查找有效信息						5%				
	能用自己的语言有条理地去解释、表述所学知识						5%				
	能将查找到的信息有效转换到工作中						5%				
感知工作	是否熟悉工作岗位，认同工作价值						5%				
	在工作中是否获得满足感						5%				
参与状态	与教师、同学之间是否相互尊重、理解、平等						5%				
	与教师、同学之间是否能够保持多向、丰富、适宜的信息交流						5%				
	能处理好合作学习和独立思考的关系，做到有效学习						5%				
	能提出有意义的问题或能发表个人见解；能按要求正确操作；能够倾听、协作、分享						5%				
	积极参与，在产品加工过程中不断学习，提高综合运用信息技术的能力						5%				
学习方法	工作计划、操作技能是否符合规范要求						5%				
	是否获得了进一步发展的能力						5%				
工作过程	是否遵守管理规程，操作过程符合现场管理要求						5%				
	平时上课的出勤情况和每天完成工作任务情况						5%				
	是否善于多角度思考问题，能主动发现并提出有价值的问题						5%				
思维状态	是否能发现问题、提出问题、分析问题、解决问题、创新问题						10%				
自评反馈	能严肃认真地对待自评						15%				
互评等级											
简要评述											

等级评定：A：好　B：较好　C：一般　D：有待提高

任务二　生产工艺单制作

学习目标

- 了解生产工艺单在服装款式设计中的应用。
- 学会描述生产工艺单中款式图的外形概述，制定生产工艺单中的规格。
- 了解生产工艺单中的服装面料、服装辅料应用。
- 学会绘制生产工艺符号，描述生产工艺单中的工艺说明。
- 利用围裙生产工艺单的制作，学会制作生产工艺单。

工作情境描述

　　Alice顺利把设计师所画的草稿整理成款式图，在整理过程中她了解了企业对款式图绘制的要求，现在她的工作任务是根据设计师的要求制作一份围裙的生产工艺单。

工作流程与活动

　　教师展示Alice的工作任务，学生接受任务，制定工作计划，分析生产工艺单在企业生产工作中的应用和重要性，并结合工艺单的制作要求，进行外形的描述、规格尺寸的制定、面料的选择、辅料的选择、工艺符号的绘制、工艺的说明等，并完成围裙的生产工艺单制作。工作过程中遵循设计师助理的工作职责。

- 学习活动1 了解生产工艺单在服装企业中的应用（2学时）
- 学习活动2 描述生产工艺单中的款式图特征（2学时）
- 学习活动3 制定生产工艺单中的成品规格尺寸（2学时）
- 学习活动4 选择生产工艺单中的面辅料（2学时）
- 学习活动5 绘制生产工艺单中的工艺符号（2学时）
- 学习活动6 分析生产工艺单中的工艺要求（2学时）
- 学习活动7 制作围裙生产工艺单（2学时）

学习活动1 了解生产工艺单在服装企业中的应用

● 了解生产工艺单的概念

● 知道生产工艺单在企业生产过程中的作用

● 能分析制作生产工艺单的要求

企业生产工艺学习单一份

☺ **你知道什么是生产工艺单吗?**

凡是用于生产的图表语言统称为生产工艺单,是企业内部生产的第一环节。

☺ **服装生产工艺单属于服装企业生产的哪个环节?**

服装生产工艺单是专用于企业内部生产的第一环节。

☺ **服装生产工艺单制定有什么要求?**

工艺单不强调形式感,更注重实用性与可操作性,要求所有的内容必须落到实处,图示必须清晰、具体、严谨、规范,为服装的结构设计、工艺设计等生产程序提供技术依据。

女式夹克生产工艺单

R/KF-01   款号：8138901

下单日期：2011年6月17日 单位：cm	标准 型号 部位	S 155/80A	M 160/84A	L 165/88A	XL 170/92A	XXL 175/96A
	衣长	55	57	59	61	63
品名：女棉夹克	肩宽	38.8	40	41.2	42.4	43.6
面：尼龙300T油光 里：240T洗水里布	胸围	94	98	102	106	110
成分：面：100%锦纶 里、填充物：100%聚酯纤维	摆围	79	82	85	88	91
	袖长	57.8	59.5	61.2	62.9	64.6
执行标准：GB/T 2662-2008 GB 18401-2010	袖口	41	41	41	42	42
产品基本安全类别：C类	领高	10				

样衣简述图

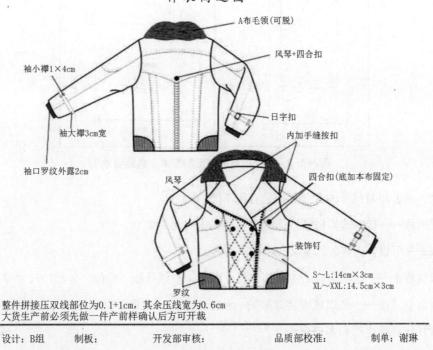

整件拼接压双线部位为0.1+1cm，其余压线宽为0.6cm
大货生产前必须先做一件产前样确认后方可开裁

设计：B组   制板：   开发部审核：   品质部校准：   制单：谢琳

图2-1-1　企业生产工艺单

☺ **服装生产工艺单由哪些内容组成？**

服装生产工艺单包括以下几个方面：

（1）公司名称——指制单的XXX公司。

（2）款式编号——指依据各公司对内对外简便识别的要求，用字母和阿拉伯数字组合起来的代号，如2014-QY-FS-1001，可以解释为"2014年群益工作室1号设计师的第一款女装样式"，FS为Female Suit

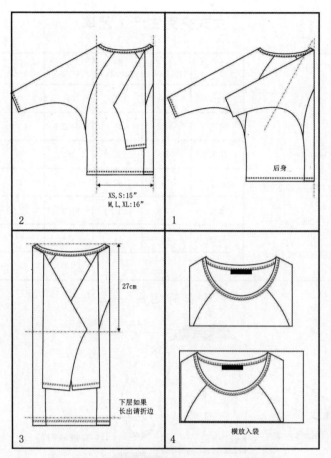

图2-1-2 生产工艺单制定的要求（包装要求）

的简写。当然，各公司对代号的含义所指是有所不同的。

（3）款式名称——指款式依据其特征的命名，如休闲女西装等。

（4）季节——可以分为春装、夏装、秋装、冬装。

（5）制版规格单——通常指成品主要部位尺寸大小，包括号型、单位、各部位尺寸等。

（6）正背面款式图——是表现服装效果的一种图形方式，注重对服装结构与工艺的描述，通常称作生产图，主要用于指导生产和客户交流。

（7）外形描述——指工艺单中的款式结构特点描述。

（8）面辅料样——指工艺单中的款式所用何种面料或辅料。

（9）面料部件及片数说明：指工艺单中的款式裁剪过程中面料的相关部件和裁剪片数。

（10）工艺要求说明——对成品服装中特别要强调的工艺方法加以说明。

（11）针距要求说明——在制作成品时针距长短的要求说明。

（12）裁剪要求说明——对裁剪过程中出现的特殊要求进行说明，例如：丝绺方向、裁片方向等。

（13）制单人签名——指制单者在完成制单工作后，确认无误后签名。

（14）审核人签名——主要指工艺单的款式是否要打样或生产的指示安排者，在确认工艺单无误后签名。

表 2-1-1 女衬衫企业生产工艺单

上海市群益职业技术学校工艺单
群益工作室

款式编号	2014-QY-CS-1001	款式名称	女衬衫	季节	春夏	制版规格单（单位：cm）			

正面图示：（要求标明各缝子的工艺符号）

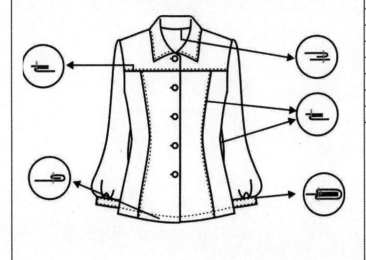

部位	S	M	L	XL
后衣长	58	60	62	64
胸围	92	96	100	104
腰围	70	74	78	82
后腰长	36	37	38	39
臀围	94	98	100	102
肩宽	37	38	39	40
袖长	53.5	55	56.5	58

面料小样

背面图示：（要求标明各缝子的工艺符号）

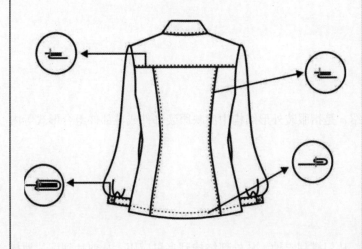

用面料部件及片数说明：
前中衣片两片，前侧两片，前育克两片，后中衣片一片，后侧片两片，后育克一片，袖片两片，袖克夫两片，袖衩条两片，领面一片、领里两片，纽扣七粒。

辅料说明：
无纺衬、直径1.2cm纽扣、配色涤棉线

工艺要求说明：
分割缝、领面压止口0.5cm，袖口止口0.1cm，底摆卷边2.5cm

款式概述：
领型为关门尖角领，前中开门襟，单排扣，定纽五粒，袖型为独片式长袖，袖口开袖衩，装袖克夫。袖克夫定纽一粒，前片T型分割，装育克，后片Π型分割，前后片腰节处略收腰。

针距要求说明：
明线14~16针 / 3cm

裁剪要求说明：
丝绺归正，正负差不超过1cm。

制单人签名		制单时间		审核情况说明
审核者签名		审核时间		

学习活动2　描述生产工艺单中的款式图特征

学习目标

- 知道服装款式特征描述的概念
- 了解服装款式特征描述的方法
- 掌握服装款式特征描述的分类

学习准备

款式图案例图片一张

学习过程

☺ **什么是服装款式图特征描述？**

服装款式图特征描述亦称服装式样介绍，是指服装外形结构中反映服装部件或零部件组合形式等内容的描述。

☺ **如何描述服装款式的外形？**

从服装功能到外形轮廓，从领至下摆、从门襟到衣袖、从外部结构到夹里应用、从前片到后片地描述款式特征。

例图描述：

【户外运动装】

户外运动装，H造型；连帽衣领，帽子有线绳装饰；门襟装接链，双止口装饰；前面有斜插贴袋两个，左口袋有装饰商标一枚；下摆用罗纹收口；插肩长袖、袖口装罗纹口；帽后片有中缝，后衣片无任何分割线。

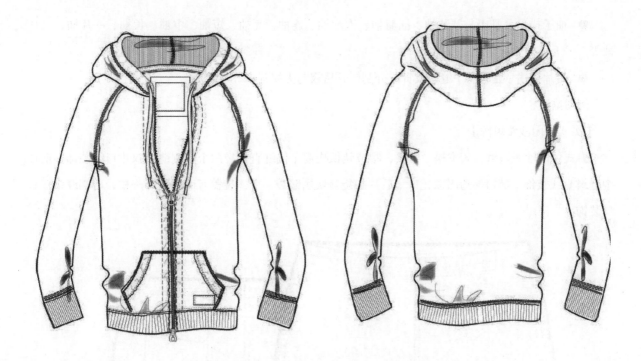

图2-2-1　款式外形描述——户外运动装

😊 从哪些方面描述服装款式的外形?

➤ 裙装和裤装的描述方法:

● 腰部描述:是否装腰或者连腰;是否低腰、中腰、高腰;是否装裤袢裤钩或钉纽扣

● 前片描述:是否收裥或收省,收几个裥或省;是否装斜插袋或直插袋;是否有表袋;门襟是前开门还是侧开门、是否装拉链

● 后片描述:是否收省,收几个省;是否开一字袋或双嵌线袋,开几个袋;是否有贴袋等

● 裙片描述:是否是独片裙、两片裙、四片裙、六片裙等

● 裙长描述:是否是长裙、中裙、短裙、超短裙等

● 裤长描述:是否是长裤、九分裤、中裤、短裤

● 脚口描述:是否是平脚口、喇叭口、小脚口

➤ 上装的描述方法:

● 领的描述:是否是无领、立领、翻领、翻驳领等

● 门襟的描述:是否是单排扣、双排扣、双襟、半襟、通开襟、正开襟、偏开襟、插肩开襟、明门襟、暗门襟、有无绲止口等。

● 前片描述:是否收省或分割

● 腰部描述:是否吸腰或宽松

● 口袋描述:是否有贴袋、开贴袋、插袋、挖袋等

● 袖子描述：是否是圆装袖、插肩袖、泡泡袖、连袖、无袖、短袖、中袖、长袖、一片袖、二片袖等

● 后片描述：是否有中缝、收省或分割、开后衩与无衩等

例图描述：

【男式休闲沙滩短裤】

男式休闲沙滩短裤，较宽松；中腰，腰节装橡皮筋；侧缝直插袋两个，侧缝缉双止口线装饰；前片中缝缉直线装饰；裤口翻边缉双止口；后片加袋盖实用贴袋一个，袋盖有商标装饰一枚，后裆缝缉双止口装饰。

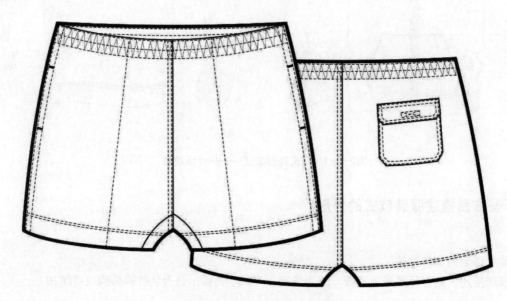

图2-2-2 男式休闲沙滩短裤描述

学习活动3　制定生产工艺单中的成品规格尺寸

学习目标

● 了解服装成品规格的来源
● 知道服装成品规格的构成
● 掌握成品规格的使用方法

学习准备

学生自备服装专用软尺

尺寸规格表一份

学习过程

服装成品规格的来源有哪些?

来源一、从测体取得数据加入一定的放松量构成服装成品规格

服装成品规格的直接来源是人体,通过人体测量,在取得净体规格数据的基础上,加上适当的放松量(考虑各种因素)后,即构成服装成品规格。

表 2-3-1　服装成品规格
单位:cm

着装效果	非常紧身	紧身	合体	适体	舒适	宽松	非常宽松
胸围B	0以下	5	10	15	20	25	30以上
臀围H	0以下	5	10	15	20	25	30以上

来源二、由要货单位提供数据编制服装成品规格

成批生产的产品通常由要货单位提供数据编制服装成品规格。对提供的数据,首先要确认规格的计量单位是公制、英制还是市制;还要确认所提供的规格是人体规格(净体规格),还是服装成品规格(包括放松量在内);还要确认各部位规格的具体量法(如衣长规格有的是指前衣长,有的是指后衣长;

围度规格有的是连叠门，有的是不连叠门等）。对服装成品规格中项目不全的应及时和要货单位沟通，按具体款式要求的一般规定补全。

群益工作室男衬衫生产制造单

计划号	款号	款式	数量（件）	生产日期	交货日期
	11066#	水洗时尚棉衣			

缝制工艺要求：

一、裁床要求：

1、在排料拉布前必须检查大货板是否有漏板，色差，阴阳面，抽纱，倒顺光，疵点等现象。

2、裁剪时刀位要准确做好，纱向按纸板所示，捆包时要对号，对层，对床，对扎号，要准确无误下货到车间，以提高产品数量与质量，如有换片应及时更换裁片。

3、注意辅料的品质以免造成不必要的时间浪费。

二、工艺要求：

1、为了减少错误和返工率，提高产品质量，每组在开货之前必须先做一件产前样，经检验合格后方可生产，否则后果自负。

2、开货前先检查里布等一切原辅料要有无质量问题。生产时要注意裁片是否有破洞，色差，抽纱等不良现象。

3、面线用顺布色 20S/2 粗线，里布顺布色 40S/2 细线. 针距 3CM/11-12 针，用12#平车针，线路要均匀，不允许有跳针，接线，浮线，油污等不良现象，线头要剪干净，成品保持干净，不得有水印，杂质等现象。

4、袋位按板定位缝制，左右高低宽窄一致. 前片活叶宽 3.5CM 宽容要保持一致.

5、绱袖松度均匀，袖山圆顺，压线部位参照样衣。

6、下摆辑罗纹吃缩左右对称，裁片成品摆缝须左右对称。

7、成品门襟拉链顺直不起浪。

8、主唛放后领口实下 1.5CM，尺码唛放主唛中下. 水洗唛左侧缝里布实上 8CM 定位缝制.

9、肩缝，腋缝，袋布用里布条连住，松度 1.2CM

10 成品规格要准确，无线头，没污，衣服要保持整洁无水印. 成品吊牌，号标，贴标必须对号，对码准确无误.

三、用棉部位：

前后片，袖子面布 600G 针棉棉，领子，袖袋盖，下兰头，后摆拼 600G 针棉，前后片毛绒里布覆合 1200G 针棉，里袖 1200G 针棉.

注：具体事宜请参照样衣按板对码缝制，所有款工号要用铅笔写在水洗标内面；

所有款式投产前要先做产前样到公司确认，否则一切责任要由生产方承担；

各单位送货时必须列好清单，写上款号，号码，并分颜色，尺码捆好，扎好，否则包装部有权拒收；

制作单如有不实不详之处及板形有误时，及时向制单处或开发部问询. 13004865820 小肖

谢谢合作！各部门必须保持成品尺寸合格！

11066#款尺寸表　　　（单位：厘米）　　　表中尺寸均为成品尺寸

部位＼规格	M	L	XL	XXL	备注
胸围	110	114	118	122	
摆围	96	100	104	108	
后中长	(洗前 67) 65.5	(洗前 69) 67.5	(洗前 71) 69.5	(洗前 73) 71.5	
肩宽	47.8	49	50.2	51.4	
袖长	(洗前 62) 61	(洗前 63.5) 62.5	(洗前 65) 64	(洗前 66.5) 65.5	
袖口（罗纹袖口）	10	10	10.5	10.5	
袖状	20	20.8	21.6	22.4	

打版：肖冬明　　　　　复核：　　　　　制表：小肖

图2-3-1 企业规格单

来源三、按实物样品测量取得数据制订服装成品规格

按实物样品测量取得数据制订服装成品规格，应将实物样品中所需要的各部位规格测量准确，测量时要准确掌握方法、部位及顺序。

图2-3-2　人体测量

图2-3-3　实物测量

来源四、由服装号型系列中取得数据设计服装成品规格

"服装号型系列"是以我国正常人体的主要部位规格为依据，对我国人体体形规律进行科学分析，经过几年的实践后形成的国家标准。

表 2-3-2　服装号型系列

男女体形中间标准体					单位：cm
体形		Y	A	B	C
男子	身高	170	170	170	170
	胸围	88	88	92	96
	腰围	70	74	84	92
女子	身高	160	160	160	160
	胸围	84	84	88	88
	腰围	64	68	78	82

说明：Y为偏瘦体、A为正常体、B为偏胖体、C为肥胖体。

表 2-3-3　常见女人体净体尺寸参考表　　　　　　　　　　　　　　　　单位：cm

身　高		150	155	160	165	170
肩宽	S	38	39	40	41	42
胸围	B	76	80	84	88	92
腰围	W	60	62	64	66	68
臀围	H	80	84	88	92	96
腰节高	WH	38	39	40	41	42
胸宽	BFL	30	31	32	33	34
胸高	BP	23	23. 5	24	24. 5	25
乳距	BPL	18	18. 5	19	19. 5	20
背宽	BBL	32	33	34	35	36
臀高	HH	18	18. 5	19	19. 5	20

☺ 服装成品规格由哪些因素构成？

- 构成一：人体净体规格
- 构成二：人体活动因素
- 构成三：服装造型因素

☺ 服装成品规格在使用上一般需要哪几个部位的规格？

- 规格一：长度（上装类的衣长、袖长；下装类的裤长、裙长）
- 规格二：围度（上装类的胸围和下装类的臀围）
- 规格三：宽度（从胸围导出胸宽、背宽；从臀围导出横裆等）

学习活动4 选择生产工艺单中的面辅料

学习目标

- 了解面料的分类
- 知道各种面料的性能和材质，会根据款式要求选择面料
- 会制作面料样卡

学习准备

各类面料、各类辅料

学习过程

😊 **面料的分类有哪些？**

- 梭织面料：主要用于服装的外衣和衬衣。

图2-4-1 梭织面料

- 针织面料：主要用于服装的内衣和运动系列服装。但由于科技的发展，针织面料也向厚重、挺括方向发展，逐渐使针织内衣外衣化，成为外衣的补充。

41

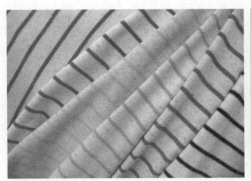

图2-4-2 针织面料

😊 你认识下面这些面料吗?

● 棉布面料：是各类棉纺织品的总称，多用于制作时装、休闲装、内衣和衬衫。它的优点是轻松保暖，柔和贴身，吸湿性、透气性甚佳，不易过敏。它的缺点则是易缩、易皱，恢复性差，光泽度差，在穿着时必须时常熨烫。

图2-4-3 棉布面料

● 麻布面料：是以大麻、亚麻、苎麻、黄麻、剑麻、蕉麻等各种麻类植物纤维制成的一种布料。一般被用来制作休闲装、工作装，目前也多以其制作普通的夏装。它的优点是强度较高，吸湿，导热，透气性甚佳。它的缺点则是贴身穿着不太舒适，外观较为粗糙，生硬。

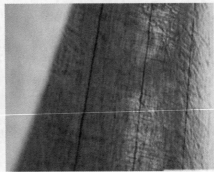

图2-4-4 麻布面料

● 丝绸面料：是以蚕丝为原料纺织而成的各种丝织物的统称。与棉布一样，它的品种很多，个性各异。它可被用来制作各种服装，尤其适合用来制作女士服装。它的长处是轻薄，合身，柔软，滑爽，透气，色彩绚丽，富有光泽，高贵典雅，穿着舒适。它的不足则是易折皱，容易吸身，不够结实，褪色较快。

图2-4-5 丝绸面料

● 呢绒面料：又叫毛料，是对用各类羊毛、羊绒等织成的织物的泛称，适用于制作礼服、西装、大衣等正规、高档的服装。它的优点是防皱耐磨，手感柔软，高雅挺括，富有弹性，保暖性强。它的缺点主要是洗涤较困难，不大适用于制作夏装。

图2-4-6 呢绒面料

● 皮革面料：是经过鞣制而成的动物毛皮面料，多用于制作时装、冬装。它又可以分为两类：一是革皮，即经过去毛处理的皮革；二是裘皮，即处理过的连皮带毛的皮革。它的优点是轻盈保暖，雍容华贵。它的缺点则是价格昂贵，贮藏、护理方面要求较高，故难以普及。

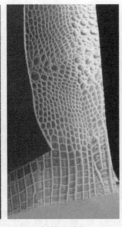

图2-4-7 皮革面料

● 化纤面料：是化学纤维织成织物的简称，通常分为人造纤维与合成纤维两大类。它们的优点是色彩鲜艳，质地柔软，悬垂挺括，滑爽舒适。它们的缺点则是耐磨性、耐热性、吸湿性、透气性较差，遇热容易变形，容易产生静电。它虽可用于制作各类服装，但总体档次不高。

图2-4-8 化纤面料

● 混纺面料：是将天然纤维与化学纤维按照一定的比例混合纺织而成的织物，可用来制作各种服装。它的长处是既吸收了棉、麻、丝、毛和化纤各自的优点，又尽可能地避免了它们各自的缺点，而且价格相对较为低廉，所以大受欢迎。

图2-4-9 混纺面料

☺ **制作面料样卡**

● 进入面料市场调研面料，采集整理三十种不同材质的面料。

● 根据调研采集的面料制作一本面料样卡，并写清楚面料性能和适合的款式。

● 面料样卡制作展。

☺ **服装辅料包括哪些?**

服装辅料包括里料、填料、衬垫料、缝纫线材料、扣紧材料、装饰材料、拉链纽扣、织带垫肩、花边衬布、里布、衣架、吊牌、饰品、嵌条、划粉、钩扣皮毛、商标线绳、填充物塑料、配件、金属配件、包装盒袋、印标条码、以及其他相关等。

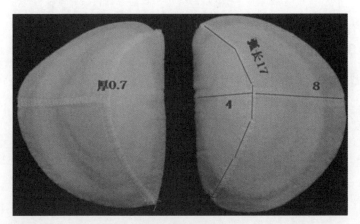

图2-4-10　垫肩

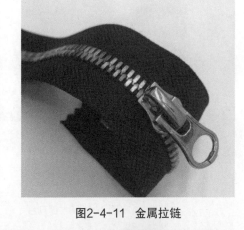

图2-4-11　金属拉链

图2-4-12　牛仔扣

图2-4-13　包边布条

图2-4-14 吊牌胶针

图2-4-15 吊牌线绳

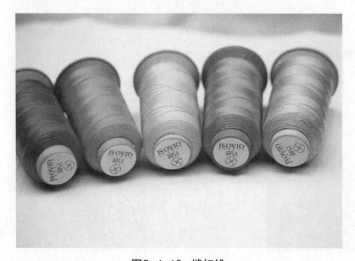

图2-4-16 缝纫线

图2-4-17 蕾丝花边

😊 制作辅料卡

- 进入辅料市场调研辅料，采集整理三十种不同材质的辅料
- 根据调研采集的辅料制作一本辅料样卡，并写清楚辅料的性能和适用范围
- 辅料样卡制作展

学习活动5　绘制生产工艺单中的工艺符号

学习目标

- 了解工艺制作和款式设计的关系
- 了解基础缝纫的方法
- 会绘制工艺缝制符号
- 会制作工艺缝型卡

学习准备

卡纸、面料小样、铅笔、尺、实训车间

学习过程

😊 **你了解工艺制作方法的重要性吗?**

- 衣片是通过不同的工艺手段连接在一起形成服装的。
- 服装款式的不同、使用范围的不同,对工艺缝制的要求也不同,工艺上不同的缝制方法对服装的款式产生重要的影响。
- 设计服装款式时设计师所画的不同线条,在生产实施时其结构、工艺就会有很大的不同,因此对于服装设计者而言,了解常用的基础缝制工艺及其在服装中的表达,对其服装款式设计表现的准确性有很大的帮助。

😊 **基础缝制工艺的常用缝型有哪些?**

基础缝线工艺常用的有平缝、克缝、内包缝、外包缝、来去缝、滚包缝、搭接缝、分压缝、篦机缝等几种。

😊 **一起来画基本缝型的工艺符号**

- 平缝:将两层缝料正面叠合,于正面留一定缝份缉线。常用于上衣的肩缝、侧缝,袖子的内外缝。

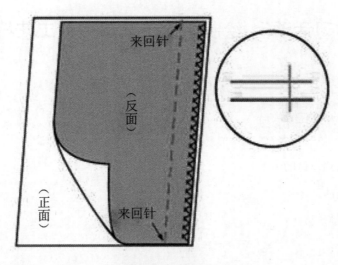

图2-5-1 平缝

● 克缝：又称扣压缝。先将缝料按规定的缝份扣倒烫平，再按规定位置搭接。常用于衬衫覆肩、贴袋等。

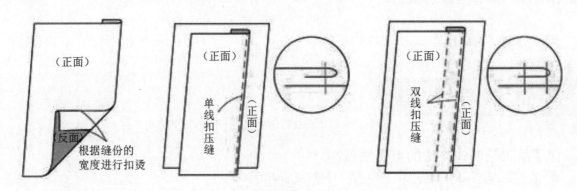

图2-5-2 克缝

● 内包缝：又称反包缝，将面料的正面相对重叠，在反面按包缝宽度作包缝，常用于肩缝、侧缝、袖缝等。

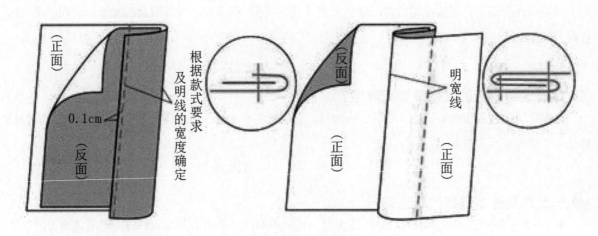

图2-5-3 内包缝

● 外包缝：又称正包缝，先将面料的反面相对叠合，再按包缝宽度作包缝，常用于夹克衫、西裤。

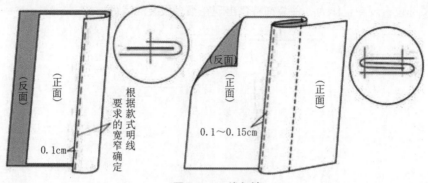

图2-5-4 外包缝

● 来去缝：反面看不见缝份的缝型，缝料反面相对并留一定缝份缉线，再将面料翻转使正面相对并辑线。一般用于薄型面料上衣的肩缝、侧缝、袖缝。

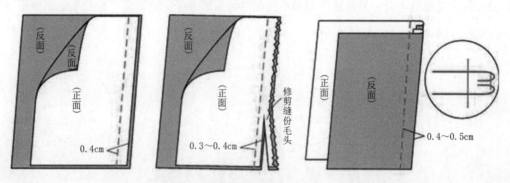

图2-5-5 来去缝

● 滚包缝：将两片缝份的毛茬全部包净的缝型，常用于薄料服装的包边。

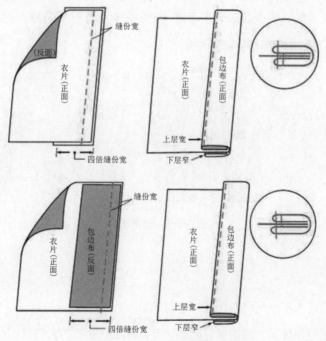

图2-5-6 滚包缝

● 搭接缝：又称骑缝，将两片缝料的缝份重叠，在上面缉线将其固定，一般用于领衬中缝、腰衬、棉衣衬布等暗藏部位，现在也作为一种装饰特色出现在很多服装的表面。

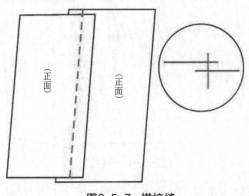

图2-5-7　搭接缝

● 分压缝：又称劈压缝，是将两层面料正面相对做一道平缝，再在分开缝的基础上加压一道明线，常用于裤档缝、内袖缝等。

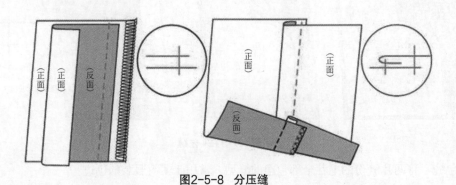

图2-5-8　分压缝

● 篦机缝：将两层缝料正面叠合，于正面留一定缝份辑线，然后分缝，再以其为中心两边对称压缝，具有一定的装饰性，常用于休闲服装与运动装中。

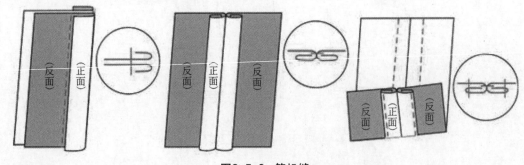

图2-5-9　篦机缝

😊 动手制作工艺卡

● 结合工艺符号，进入实训车间制作基础缝型样品。

● 根据制作的工艺缝型样品，制作工艺缝型样卡，并绘制缝型工艺符号。

● 工艺样卡制作展。

学习活动6 分析生产工艺单中的工艺要求

● 会写生产工艺单中的针距说明

● 会写生产工艺单中的工艺说明

● 会写生产工艺单中的裁剪说明

实训车间、工艺单一份

😊 **你知道如何选择合适的针距吗?**

● 选择一:薄料、精纺料3cm长度14~18针

● 选择二:厚料、粗纺料3cm长度8~12针

😊 **你会写生产工艺单中的工艺说明吗?**

● 工艺说明其实就是对服装成品的质量要求说明

● 【案例:西服裙的工艺说明】

(1)符合成品规格;

(2)腰头宽窄顺直一致,无链形,腰口不松开;

(3)门里襟长短一致,拉链不外露,开门下端封口平伏,门里襟不可拉松;

(4)开衩平伏,左右长短一致;

(5)整烫要烫平、烫煞,不可烫黄、烫焦。

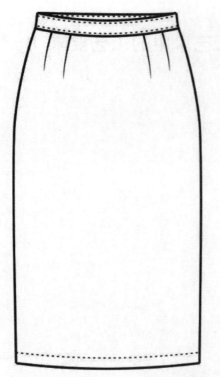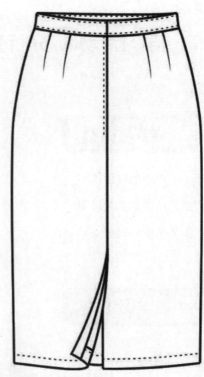

图2-6-1 西服裙款式图

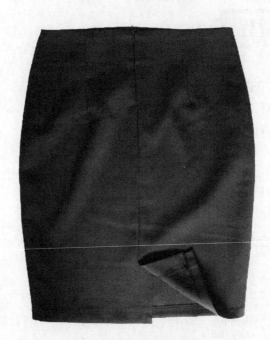

图2-6-2 西服裙实物图

学习活动7 制作围裙生产工艺单

● 通过围裙的款式图绘制，初次体验款式图的绘画方法

● 通过围裙的款式拓展学习，初次体验款式设计

● 通过围裙的生产工艺单制作，初次体验制作企业生产工艺单

2B 活动铅笔、针管笔（0.2cm、0.5cm、0.8cm）

😊 **贴袋围裙的款式图绘制**

【例图绘制步骤】

（1）取一个长方形；

（2）画袖窿弧线；

（3）画围裙贴袋；

（4）画围裙吊带；

（5）细节描写。

图2-7-1 贴袋围裙的款式图绘制

图2-7-2 围裙的款式拓展图1

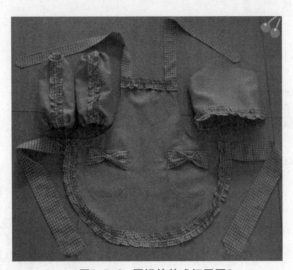

图2-7-3 围裙的款式拓展图2

图2-7-4 围裙的款式拓展图3

表 2-7-1 围裙生产工艺单制作

群益服饰有限公司 生产工艺单								
款式 编号	2014-QY-CS-1002		款式名称	可爱 围裙	季节	无季节 区分	制版规格单（单位：cm）		

正面图示：（要求标明各缝子的工艺符号） 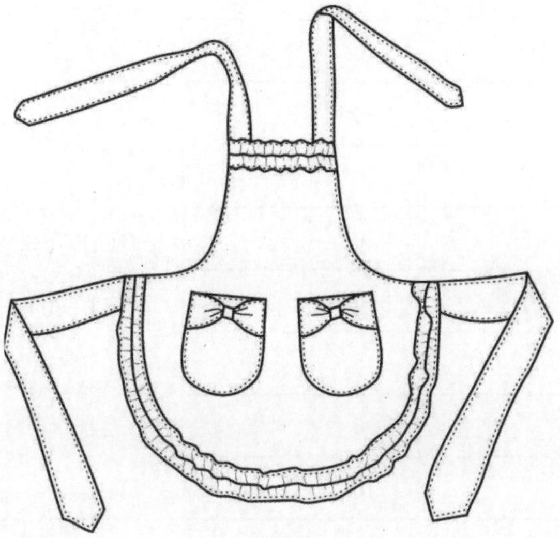	部位	S	M	L
	裙长	60	63	66
	领口	20	21	22
	胸宽	22	23	24
	裙宽	50	53	56
	袋宽	12	12	12
	袋长	15	16	17

面料小样

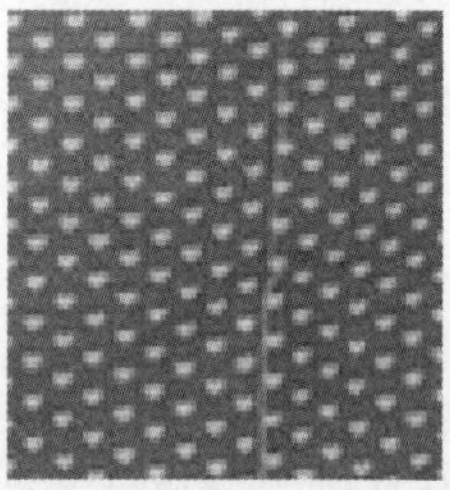

用面料部件及片数说明：

辅料说明：
同色线 1 支；
黏合衬若干

工艺要求说明：
花边宽 6cm
所有止口都为 1cm

款式概述：
　T 型裙造型，领口有抽褶装饰花边，脖子系扎设计；袖口大 L 型，单止口装饰；两个圆口贴袋，贴袋上有装饰蝴蝶结，单止口装饰；圆下摆抽褶花边装饰，腰围处系扎设计。

针距要求说明：
3cm,13~14 针

制单人 签名		制单 时间		审核情况 说明	
审核者 签名		审核 时间			

表 2-7-2 评价与分析表

班级		姓名		学号		日期	
序号	评价要点			配分	得分	总评	
1	了解生产工艺单在服装款式设计中的应用			10			
2	学会描述生产工艺单中款式图的外形概述			10			
3	学会制订生产工艺单中的规格			10			
4	了解生产工艺单中的服装面料应用			10			
5	学会绘制生产工艺符号			10		A □（86~100）	
6	学会描述生产工艺单中的工艺说明			10		B □（76~85） C □（60~75）	
7	认真查阅了相关工艺单的资料			10		D □（60 以下）	
8	会制作围裙生产工艺单			10			
9	学习态度积极主动，能参加安排的活动			10			
10	注重沟通，能自主学习和相互协作			10			

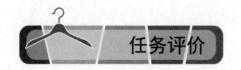
任务评价

表 2-7-3 活动过程评价表

班级		姓名	学号	日期	年 月 日		
评价指标	评价要素			权重	等级评定		
					A	B	C	D
信息检索	能有效利用网络资源、工作手册查找有效信息			5%				
	能用自己的语言有条理地去解释、表述所学知识			5%				
	能将查找到的信息有效转换到工作中			5%				
感知工作	是否熟悉工作岗位,认同工作价值			5%				
	在工作中是否获得满足感			5%				
参与状态	与教师、同学之间是否相互尊重、理解、平等			5%				
	与教师、同学之间是否能够保持多向、丰富、适宜的信息交流			5%				
	探究学习、自主学习不流于形式,处理好合作学习和独立思考的关系,做到有效学习			5%				
	能提出有意义的问题或能发表个人见解;能按要求正确操作;能够倾听、协作、分享			5%				
	积极参与,在产品加工过程中不断学习,提高综合运用信息技术的能力			5%				
学习方法	工作计划、操作技能是否符合规范要求			5%				
	是否获得了进一步发展的能力			5%				
工作过程	遵守管理规程,操作过程符合现场管理要求			5%				
	平时上课的出勤情况和每天完成工作任务情况			5%				
	善于多角度思考问题,能主动发现并提出有价值的问题			5%				
思维状态	是否能发现问题、提出问题、分析问题、解决问题、创新问题			5%				
自评反馈	按时按质完成工作任务			5%				
	较好地掌握了专业知识点			5%				
	具有较强的信息分析能力和理解能力			5%				
	具有较为全面严谨的思维能力并能条理明晰地表述成文			5%				
自评等级								
有益的经验和做法								
总结反思建议								

等级评定:A:好 B:较好 C:一般 D:有待提高

表 2-7-4 活动过程评价互评表

班级			姓名	学号	日期	年　月　日		
评价指标	评价要素				权重	等级评定		
						A	B	C	D
信息检索	能有效利用网络资源、工作手册查找有效信息				5%				
	能用自己的语言有条理地去解释、表述所学知识				5%				
	能将查找到的信息有效转换到工作中				5%				
感知工作	是否熟悉工作岗位，认同工作价值				5%				
	在工作中是否获得满足感				5%				
参与状态	与教师、同学之间是否相互尊重、理解、平等				5%				
	与教师、同学之间是否能够保持多向、丰富、适宜的信息交流				5%				
	能处理好合作学习和独立思考的关系，做到有效学习				5%				
	能提出有意义的问题或能发表个人见解；能按要求正确操作；能够倾听、协作、分享				5%				
	积极参与，在产品加工过程中不断学习，提高综合运用信息技术的能力				5%				
学习方法	工作计划、操作技能是否符合规范要求				5%				
	是否获得了进一步发展的能力				5%				
工作过程	是否遵守管理规程，操作过程符合现场管理要求				5%				
	平时上课的出勤情况和每天完成工作任务情况				5%				
	是否善于多角度思考问题，能主动发现并提出有价值的问题				5%				
思维状态	是否能发现问题、提出问题、分析问题、解决问题、创新问题				10%				
自评反馈	能严肃认真地对待自评				15%				
互评等级									
简要评述									

等级评定：A：好　B：较好　C：一般　D：有待提高

任务三　裙子的款式设计

学习目标

● 了解裙子的概念、来源、发展和分类

● 能绘制一步裙、连衣裙

● 拓展设计各类裙子

● 能制作裙子生产工艺单

　　灵活运用绘制工具表达创意。

工作情境描述

　　某客户订购了一批不同款式的裙子，要求合体简洁，适合办公室女性穿着。Alice 接到任务后，根据客户的要求，认真研究了裙子的起源、发展和分类，并设计出一个系列的短裙。

工作流程与活动

● 学习活动1 关于裙子（2学时）

● 学习活动2 裙子的种类、款式、材料（4学时）

● 学习活动3 绘制一步裙（4学时）

● 学习活动4 绘制连衣裙（4学时）

● 学习活动5 拓展裙设计（4学时）

● 学习活动6 一步裙的生产工艺单制作体验（1学时）

学习活动1 关于裙子

学习目标

- 了解裙子的概念、原理
- 了解裙子的起源与发展
- 会分辨各类裙子的款式

学习准备

- 通过网络查找并收集各类裙子的资料

学习过程

😊 裙子的概念

裙，一种围裹在人体自腰以下的下肢部位的服装，是女性服装历史上出现最早的服装类型。

😊 裙子的起源和发展

（1）公元前3000年（古埃及时期裙束）

裙起源于公元前3000年左右，在古埃及时代，男女用布缠在腰间并打结，在腰部把布卷起，或进行缠绕。

图 3-1-1　公元前3000年古埃及时期裙束

（2）13世纪~14世纪（立体造型裙）

进入13~14世纪，随着收省、拼接等缝制技术的发展，裙由平面结构变成立体结构。从这个时候起，男性与女性服装有了区别，裙成为女性的最基本服装。

图 3-1-2　13世纪~14世纪立体造型裙

（3）16世纪~18世纪（加裙箍、裙笼的裙时代）

16世纪~18世纪开始服装全体装饰化，裙为了更好体现造型而采用了衬裙，人为地使裙膨胀。典型的代表有16世纪的裙箍和18世纪法国"洛可可"风格的裙笼（从两侧向外张开的造型）。

（4）19世纪（帝国式高腰裙、硬衬布的裙）

以法国革命（1789年）作为契机，取消了夸张的裙撑，而造型自然的帝国式高腰裙闪亮登场。到拿破仑三世时，裙撑再次出现，又开始流行穿加入硬衬布（让裙下摆撑开的裙撑）的大型裙。

（5）19世纪末（加衬垫的裙）

19世纪末，用衬垫取代裙撑加在臀部，形成臀部隆起的造型，这是裙子人为夸张造型的终结。

图 3-1-3　16世纪~18世纪加入裙箍、裙笼的裙　　　　　图 3-1-4　19世纪帝国式高腰裙

图 3-1-5　19世纪加入硬衬布的裙　　　　　　　图 3-1-6　19世纪末加入衬垫的裙

（6）20世纪（现代）

进入20世纪，经过第一次、第二次世界大战，女性进入社会，受运动热潮以及她们日常社会情况的影响，裙子逐渐演变为功能性的裙，裙长度的变化一时期成为流行的最大要素。

【小知识三】

1947年法国设计师克里斯汀·迪奥发布了裙子长度距地面13cm的最有特点的新样式。

【小知识四】

1960年，法国设计师安东·库里久斯的迷你裙（膝上10cm）和英国设计师玛丽·坤特的迷你裙（膝上20cm）的裙长成为敏感话题。

图 3-1-7　20世纪新样式

图 3-1-8　20世纪迷你裙

学习活动2 裙子的种类、款式、材料

学习目标

● 了解裙子的分类

● 能区分各类裙款

● 能根据不同的裙款选择适合的面料

学习准备

面料小样、裙子款式

学习过程

😊 **从合体情况分**

所谓合体，指臀部余量少，裙侧缝线从臀部到裙摆线是垂直的款式。另外，裙摆变得很窄，为了增加步行时裙摆的活动量，加入褶裥、侧开衩、后开衩，便于行走。

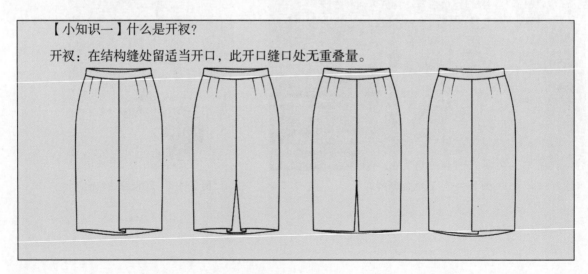

【小知识一】什么是开衩?

开衩：在结构缝处留适当开口，此开口缝口处无重叠量。

图3-2-1 开衩

骑马衩：在缝口处有重叠量。

（1）款式：一步裙（直裙）、锥形裙（紧身裙）。

一步裙(直裙)的特点是从腰围至臀围比较合体，从臀围至下摆为直线型轮廓，是裙子中最基本的款式。

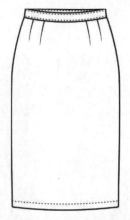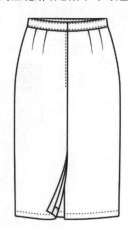

图 3-2-2　一步裙（直裙）

锥形裙（紧身裙）的特点是狭窄、纤细，从腰围至臀围合体，从臀围线以下至下摆逐渐变窄。称呼也各有不同，有称为紧身裙、锥形裙、铅笔裙。

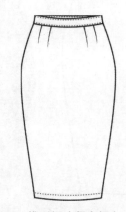

图 3-2-3　锥形裙（紧身裙）

（2）材料：因松量少，所以适合选择撕裂强度高和结实有弹性的面料，且缝份应适当加大。

【小知识二】选用什么面料

毛织物：法兰绒、直贡呢、苏格兰呢等。棉织物：粗斜纹布、灯芯绒、华达呢等。

图 3-2-4　由左至右依次为法兰绒、粗斜纹布、灯芯绒、华达呢

😊 从造型情况分

所谓造型就是指裙子的外形，依据裙子的外轮廓线来区分裙子的造型特点。

（1）款式：A字裙、筒裙、鱼尾裙等。

图 3-2-5 A字裙

图 3-2-6 筒裙

图 3-2-7 鱼尾裙

（2）材料：为了表现造型效果，适合采用弹性、有张力的面料，与合身裙面料大致相同。

从裙摆情况来分

一些裙子仅在腰部紧身合体，裙摆较大呈圆弧形，有波浪，运动时款型优美。

（1）材料：采用经纬向弹力、质感相同的面料较好，织造比较紧密的面料因悬垂效果差，尽量不采用。

（2）款式：喇叭裙、圆摆裙、波浪裙等。

【小知识三】选用什么面料？

毛织物：法兰绒、双面乔其纱、美丽绸、精纺织物等。

棉织物：锦缎、棉缎。

从裙片构成情况来分

把裙片分成几片，然后再拼合而成的款式。与其他款式相比，立体感强、造型优美，容易适合各种体型的人穿着。

（1）款式：一片裙、二片裙、三片裙、四片裙、五片裙、六片裙、八片裙等。

图 3-2-8　从左至右依次为一片裙、二片裙、三片裙

（2）材料：宽松量较少的款式，最好采用结实有弹性的面料，喇叭裙适合采用轻薄柔软的面料。

从褶裥情况来分

将布按折痕折起，重叠部份即称为褶裥。根据面料、褶裥的不同折法、褶裥的大小、裙长的不同，褶裥裙既可作为运动休闲装穿着，也可作为正装穿着。

【小知识四】什么是裥？

裥：把外折痕从一侧折到另一侧的款式称呼，有折裥、折痕。裥根据方法的不同有不同的称呼。

单折暗裥（明裥）：折痕只在一侧。

对折暗裥（阴裥）：中间暗裥做对褶处理，折痕平分在两侧。

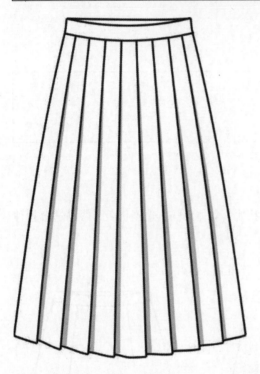

图 3-2-9 单折暗裥（明裥）

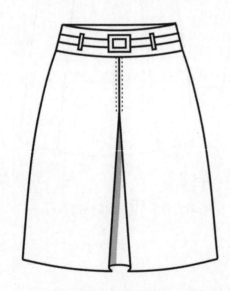
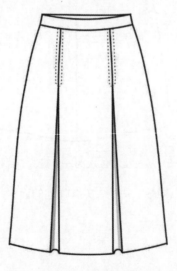

图 3-2-10 对折暗裥（阴裥）

（1）款式：暗裥裙、箱式暗褶裙、单向褶裥裙、伞褶裙。

68

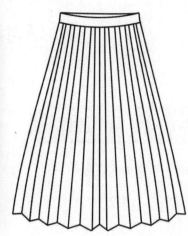

图 3-2-11 伞褶裙

（2）材料：褶裥因为是面料折叠而形成，所以适合采用轻薄的面料，另外由于褶裥不易形成，故采用定型性能好的涤纶或混纺面料。

😊 **从腰围部位形态来分**

款式：低腰裙、无腰裙、装腰裙、高腰裙、连腰裙、连衣裙。

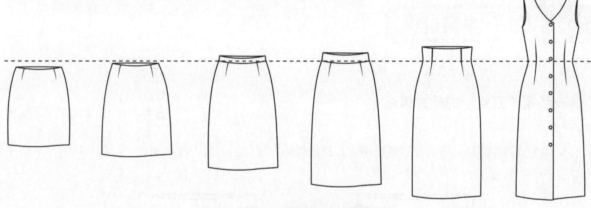

图 3-2-12 不同腰围部位的裙装款式

😊 **从裙长情况来分**

款式：超短裙、迷你裙、膝长裙、中长裙、长裙、超长裙。

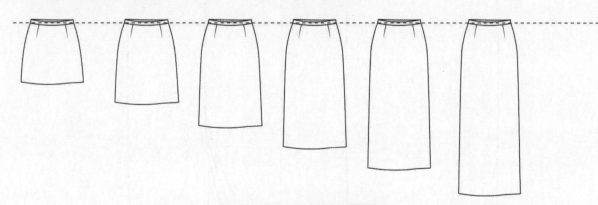

图 3-2-13 不同裙长的裙装款式

学习活动3　绘制一步裙

- 会描述一步裙的款式特点
- 能独立绘制一步裙

活动铅笔、针管笔

一步裙（直裙）的款式描述

裙腰为装腰型直腰，前后腰口各设两省，侧缝线略向里倾斜，后中设分割线，上端装拉链，下端开衩。

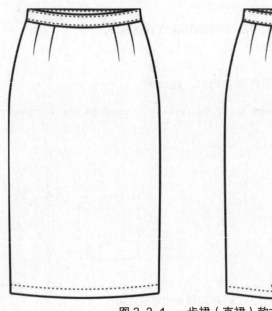

图 3-3-1　一步裙（直裙）款式

😊 **体验绘制一步裙**

（1）绘制裙中线、裙长线等基础线；

（2）绘制腰头、臀围线、侧缝线；

（3）画顺腰头、侧缝等弧线；

（4）细节描写。

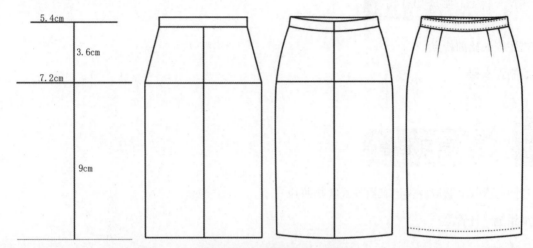

图 3-3-2　体验绘制一步裙

😊 **半身裙绘制案例**

图 3-3-3　半身裙绘制案例

71

学习活动4　绘制连衣裙

学习目标

- 能描述连衣裙的特点
- 能绘制连衣裙

学习准备

- 通过网络查找并获取各类连衣裙款式实物照片
- 活动铅笔、针管笔

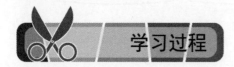

学习过程

😊 连衣裙的款式特点描述

连衣裙或连身裙是指服装的一个品类，其形式上以上衣和裙体连接起来，上下贯通，一体成型。连衣裙属于裙装的一类，在各种款式造型中被誉为"时尚皇后"，是变化繁复、种类最多、最受青睐的服装款式之一。

连衣裙有各种样式，可以根据造型的需要，形成各种不同的轮廓和腰节位置，裙长可长、可短，袖子可有、可无。连衣裙几乎在各大时尚品牌产品中都占有重要的一席之地，创造了许多经典的形象。我们甚至在众多礼服中能见到其身影。之所以将其单独作为一个学习内容来讲授，是因为连衣裙是设计师能力体现的重要环节，服装上装的设计和裙装的设计在连衣裙这个载体上得到了充分的结合，从而在造型方法和形式表现上展现出广阔的创作空间。

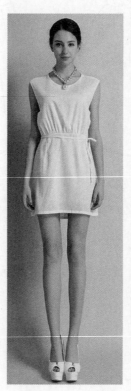

图 3-4-1　连衣裙

【小知识】你知道CHANEL经典的小黑裙吗?

1926年，Chanel女士在American Vogue上发布了一幅短而简单的黑色连衣裙手稿，Vogue称之为"Chanel's Ford"，小黑裙由此诞生。它剪裁简洁、线条优雅，黑色看起来亦非常摩登时髦，成功地塑造了亦刚亦柔的独特女性气质。当时的小黑裙被形容为"an essential in every wardrobe"，从此它就成为了优雅和时髦的象征。Chanel女士曾说，"我想为女士们设计舒适的衣服，即使在驾车时，依然能保持独特的女性韵味。"直到今天，CHANEL的小黑裙，依然是全球女性梦寐以求的选择。小黑裙经久不衰，意义早已超越"一件裙装"，"既不会过于隆重，也不会单调乏味"，这件裙子成为一种时尚态度。

Coco Chanel女士说："女人的衣柜不可以缺少一件小黑裙。"

温莎公爵夫人说："小黑裙若是穿对了，任何衣服都无法替代它。"

卡尔·拉格斐尔德说："一件小黑裙，永远不会少，也不会显得过分。"

可见，哪怕在时尚快速交替的今天，也没有任何一件时尚单品可以撼动它在时尚界的地位。

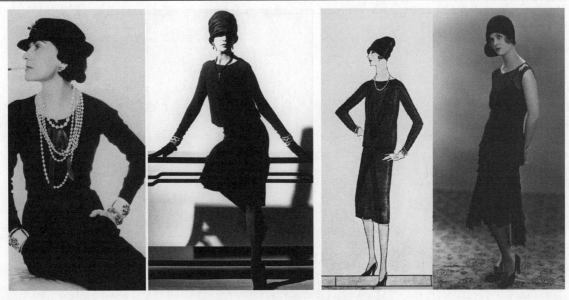

图 3-4-2　CHANEL 经典的小黑裙

😊 体验绘制连衣裙

（1）以全身人体为模板，画出裙身中线、腰节线、裙摆线位置；

（2）确定是绘制有袖款还是无袖款，有领或是无领；

（3）确定裙身是修身还是宽松；

（4）画出连衣裙的外轮廓及大的结构，逐步擦去参考线；

（5）进一步明确款式的特征、结构；

（6）丰富细节并完善。

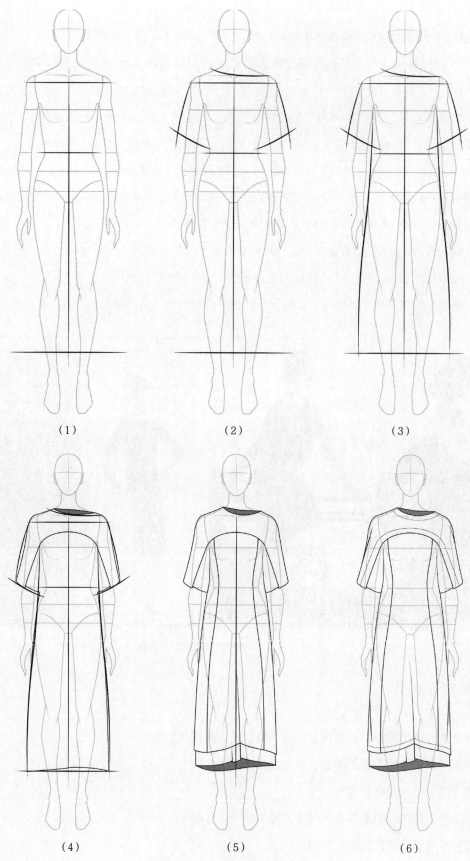

（1） （2） （3）

（4） （5） （6）

图 3-4-3　连衣裙绘制的步骤

74

学习活动5 拓展裙设计

● 能根据一步裙，拓展设计其他裙款式
● 激发学生的创新思维

活动铅笔、针管笔

😊 **查阅相关资料，了解裙装款式设计**

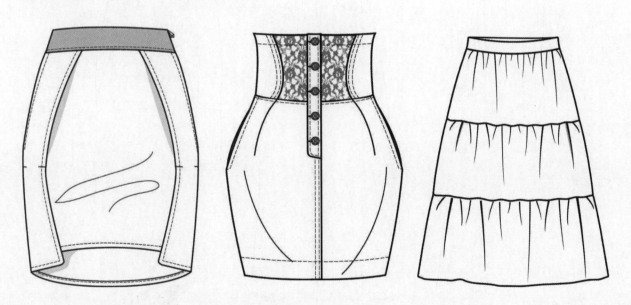

图 3-5-1 流行裙装款式

表 3-5-1　裙装查阅资料信息表

查阅人		查阅内容	裙装款式
查阅时间		资料共享成员	
查阅书籍或网站			
资料摘抄			

😊 **分析资料，构思裙款设计**

😊 **独立设计完成三款裙款设计任务**

学习活动6 一步裙的生产工艺单制作体验

学习目标

● 结合一步裙的款式学习，体验企业生产工艺单的制作

学习准备

活动铅笔、针管笔

学习过程

☺ **接受任务后，各小组分析生产工艺单中的任务要求**

表 3-6-1 一步裙生产工艺单

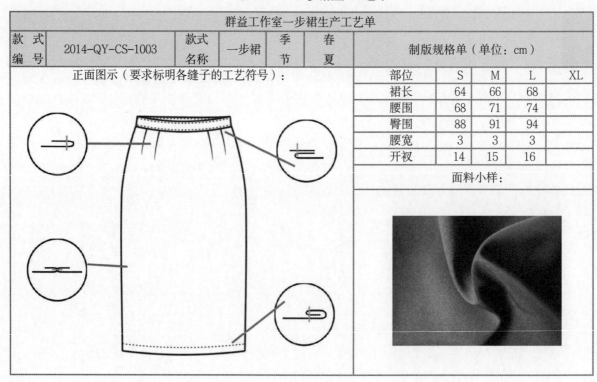

群益工作室一步裙生产工艺单									
款式编号	2014-QY-CS-1003	款式名称	一步裙	季节	春夏	制版规格单（单位：cm）			
正面图示（要求标明各缝子的工艺符号）：						部位	S	M	L	XL
						裙长	64	66	68	
						腰围	68	71	74	
						臀围	88	91	94	
						腰宽	3	3	3	
						开衩	14	15	16	
						面料小样：				

背面图示（要求标明各缝子的工艺符号）：		面料部件及片数说明： 裙
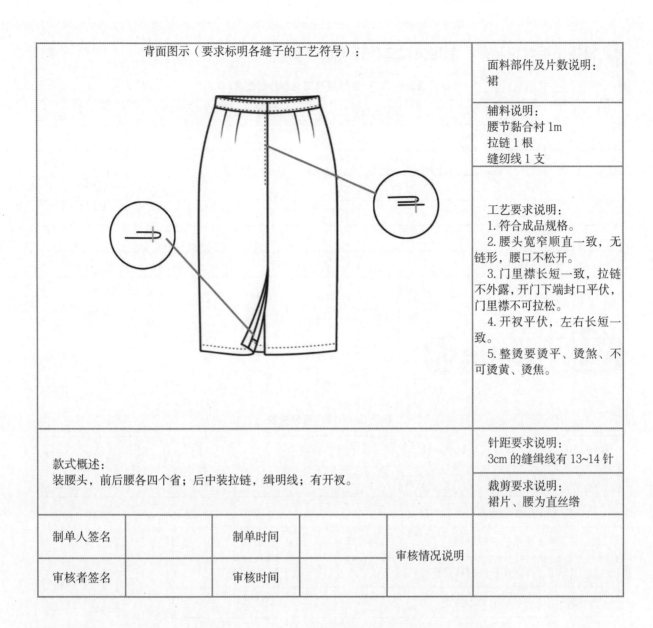		辅料说明： 腰节黏合衬 1m 拉链 1 根 缝纫线 1 支
		工艺要求说明： 1.符合成品规格。 2.腰头宽窄顺直一致，无链形，腰口不松开。 3.门里襟长短一致，拉链不外露，开门下端封口平伏，门里襟不可拉松。 4.开衩平伏，左右长短一致。 5.整烫要烫平、烫煞、不可烫黄、烫焦。
款式概述： 装腰头，前后腰各四个省；后中装拉链，缉明线；有开衩。		针距要求说明： 3cm 的缝缉线有 13~14 针
		裁剪要求说明： 裙片、腰为直丝绺

制单人签名		制单时间		审核情况说明	
审核者签名		审核时间			

😊 **根据本任务的工作流程与活动，小组讨论完成本任务的工作安排**

表3-6-2　一步裙生产工艺单制作工作流程与活动

时间		主题	一步裙生产工艺单的制作
主持人		成员	
讨论过程			
结论			

79

😊 根据小组讨论结果，制定完成工作任务的计划

表3-6-3 一步裙生产工艺制作计划表

序号	工作内容	开始时间	结束时间	工作要求	备注

评价与分析

表 3-6-4 评价与分析表

班级		姓名		学号		日期		
序号	评价要点					配分	得分	总评
1	了解了裙子的来源					10		
2	了解了裙子的各种分类					10		
3	知道了不同裙款的材料选择					10		
4	了解了一步裙的外形特点					10		
5	会绘制一步裙					10		A □（86~100） B □（76~85） C □（60~75） D □（60 以下）
6	能设计几款裙子					10		
7	认真查阅了相关裙子的资料					10		
8	会制作一步裙的生产工艺单					10		
9	学习态度积极主动，能参加安排的活动					10		
10	注重沟通，能自主学习和相互协作					10		

任务评价

表 3-6-5 活动过程评价表

班级		姓名	学号	日期	年　月　日		
评价指标	评价要素			权重	等级评定		
					A	B	C	D
信息检索	能有效利用网络资源、工作手册查找有效信息			5%				
	能用自己的语言有条理地去解释、表述所学识			5%				
	能将查找到的信息有效转换到工作中			5%				
感知工作	是否熟悉工作岗位，认同工作价值			5%				
	在工作中是否获得满足感			5%				
参与状态	与教师、同学之间是否相互尊重、理解、平等			5%				
	与教师、同学之间是否能够保持多向、丰富、适宜的信息交流			5%				
	探究学习、自主学习不流于形式，处理好合作学习和独立思考的关系，做到有效学习			5%				
	能提出有意义的问题或能发表个人见解；能按要求正确操作；能够倾听、协作、分享			5%				
	积极参与，在产品加工过程中不断学习，提高综合运用信息技术的能力			5%				
学习方法	工作计划、操作技能是否符合规范要求			5%				
	是否获得了进一步发展的能力			5%				
工作过程	遵守管理规程，操作过程符合现场管理要求			5%				
	平时上课的出勤情况和每天完成工作任务情况			5%				
	善于多角度思考问题，能主动发现并提出有价值的问题			5%				
思维状态	是否能发现问题、提出问题、分析问题、解决问题、创新问题			5%				
自评反馈	按时按质完成工作任务			5%				
	较好地掌握了专业知识点			5%				
	具有较强的信息分析能力和理解能力			5%				
	具有较为全面严谨的思维能力并能条理明晰地表述成文			5%				
自评等级								
有益的经验和做法								
总结反思建议								

等级评定：A：好　B：较好　C：一般　D：有待提高

81

表 3-6-6 活动过程评价互评表

班级			姓名		学号		日期		年　月　日			
评价指标	评价要素						权重	等级评定				
								A	B	C	D	
信息检索	能有效利用网络资源、工作手册查找有效信息						5%					
	能用自己的语言有条理地去解释、表述所学识						5%					
	能将查找到的信息有效转换到工作中						5%					
感知工作	是否熟悉工作岗位，认同工作价值						5%					
	在工作中是否获得满足感						5%					
参与状态	与教师、同学之间是否相互尊重、理解、平等						5%					
	与教师、同学之间是否能够保持多向、丰富、适宜的信息交流						5%					
	能处理好合作学习和独立思考的关系，做到有效学习						5%					
	能提出有意义的问题或能发表个人见解；能按要求正确操作；能够倾听、协作、分享						5%					
	积极参与，在产品加工过程中不断学习，提高综合运用信息技术的能力						5%					
学习方法	工作计划、操作技能是否符合规范要求						5%					
	是否获得了进一步发展的能力						5%					
工作过程	是否遵守管理规程，操作过程符合现场管理要求						5%					
	平时上课的出勤情况和每天完成工作任务情况						5%					
	是否善于多角度思考问题，能主动发现并提出有价值的问题						5%					
思维状态	是否能发现问题、提出问题、分析问题、解决问题、创新问题						10%					
自评反馈	能严肃认真地对待自评						15%					
互评等级												
简要评述												

等级评定：A：好　B：较好　C：一般　D：有待提高

82

任务四　裤子的款式设计

学习目标

- 了解裤子的概念、来源、发展和分类
- 能绘制男女西裤
- 拓展设计各类裤子
- 能制作裤子生产工艺单

工作情境描述

　　XXX客户订购了一批不同款式的裤子，要求休闲宽松，适合男性穿着。Alice接到任务后，根据客户的要求，认真研究了裤子的起源、发展和分类，并设计了一个系列的裤子。

工作流程与活动

- 学习活动1 关于裤子（2学时）
- 学习活动2 裤子的种类、款式、材料（4学时）
- 学习活动3 绘制男西裤（4学时）
- 学习活动4 拓展裤设计（4学时）
- 学习活动5 男西裤的生产工艺单制作体验（1学时）

学习活动1 关于裤子

学习目标

- 了解裤子的概念
- 知道裤子的起源和发展
- 会分辨各类裤子款式

学习准备

上网查阅裤子的相关资料

学习过程

😊 裤子的概念

裤，是双腿分别被包裹形态时的下身服装。

😊 裤子的起源和发展

● 古代

裤子本来是游牧民族的基本服装造型，是为了适应骑马生活的男性下半身服装，最初起源于亚洲。为了适应狩猎、战争的动作和防止身体受到寒冷、沙尘的侵袭，在北方穿着瘦小、紧身的裤子，在南方穿着肥大、宽松的裤子。

● 13世纪~14世纪（袜子款式）

进入中世纪，裤子作为战争服装和劳动服装被继承，女性裙造型款式被男性所采用，穿着紧身且左右不同的颜色，近似现在裤子的款式。

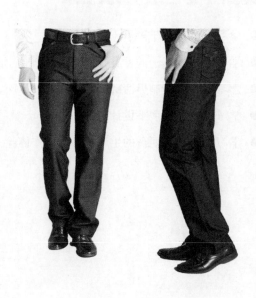

图 4-1-1 裤装

图 4-1-2 古代裤子

图 4-1-3 13世纪~14世纪袜子款式

● 15世纪~18世纪（灯笼裤）

16世纪时期，作为男性服装款式是下装成膨松圆形，类似灯笼短裤样式。17世纪的巴洛克时期、18世纪的罗可可时期，灯笼裤的圆形逐渐变小，裤长变长。

● 19世纪（长裤）

进入19世纪，英国模特传入法国，裤型从灯笼型短裤变化到长裤，流行穿马靴戴锥形帽。这以后，在绅士服装中长裤成为固定款式，一直持续到近代的绅士服装。

图 4-1-4 15世纪~18世纪灯笼裤

图 4-1-5 19世纪长裤

● 20世纪前期（半长灯笼裤）

20世纪前期，作为男士日常穿着，西装与西裤成为固定穿着，与现代的款式大致相同。另一方面，在女性中盛行自行车运动，喜欢骑自行车远行的女性在增加，半长裤也随之流行。热爱运动的女性、进入社会工作的女性、喜爱游玩的女性不断增加，20世纪的服装在功能性方面变得更加舒适，女式长裤也随之流行。

● 20世纪后期（斗牛士裤）

第二次世界大战后，女性的地位已经提高，女性进入社会和运动热情提高，流行裤长至脚踝，比较紧身的裤子款式（斗牛士裤），特别受年轻人喜爱。

图 4-1-6　20世纪前期半长灯笼裤　　　图 4-1-7　20世纪后期斗牛士裤　　　图 4-1-8　长裤套装

【小知识】

1968年秋冬巴黎时装发布会上，伊夫·圣·罗兰发表的长裤套装，不仅方便实用，经过面料、款式的变化已逐渐成为社会场合的正式穿着。

学习活动2 裤子的种类、款式、材料

● 了解裤子的分类

● 能区分各类裤型

● 能根据不同的裤子选择适合的面料

面料小样、裤子款式

😊 从直筒造型分

裤管从上至下成笔直的直线形状的裤子，根据松量、长度的变化有各种各样款式。

● 材料：选用织造比较紧密的面料，不易起皱纹，该款式适合选用有一定弹力和具有下垂性质的面料。

【小知识一】用什么面料做直筒裤?

毛织物面料：法兰绒、精纺缩绒、华达呢、哔叽、直贡呢。

棉织物面料：平纹卡其、粗斜纹布、华达呢、灯芯绒等。

图 4-2-1 毛织物面料，从左至右为法兰绒、精纺缩绒、华达呢、哔叽、直贡呢

图 4-2-2 棉织物面料，从左至右为平纹卡其、粗斜纹布、华达呢、灯芯绒

● 款式：

（1）直筒裤：裤的基本型，裤管成笔直的造型，松量根据流行可以进行不同的设计变化，适当的松量体现女性的曲线美，也方便穿着。

（2）翻边裤：前片有两个裥，裤脚管向外翻边的裤装造型。大多选用织造比较紧密的面料，前后片熨烫出笔直、清晰的中缝线。

（3）卷烟裤：如卷烟那样细的造型裤，没有中缝线，比直筒裤瘦的紧身款式。

图 4-2-3　直筒裤　　　　　　图 4-2-4　翻边裤　　　　　　图 4-2-5　卷烟裤

（4）宽松筒裤：比直筒裤的裤管宽松，将臀围线的松量一直延伸到裤脚口的造型，给人以轻松、舒适之感的款式。

（5）面袋裤：是像口袋一样宽肥的造型，因此而得名，直裆深，从臀部至裤脚口特别肥大。

（6）剪短裤：好像在长裤上剪短似的造型裤，是半长裤的总称。造型多种多样，亦称裁断裤。

图 4-2-6　宽松筒裤　　　　　　图 4-2-7　面袋裤　　　　　　图 4-2-8　剪短裤

（7）百慕大短裤：露出膝盖长度的造型裤。美国北卡罗来纳州避暑疗养地，以百慕大群岛而得名，裤口较细。

（8）牙买加短裤：到大腿中部造型裤子的总称。以西印度群岛避暑疗养地牙买加岛而得名，夏天游玩时穿着比较多。

（9）超短裤：裤长很短造型裤子的总称。

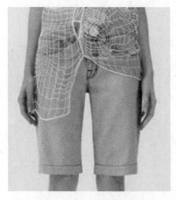

图 4-2-9　百慕大短裤　　　　　图 4-2-10　牙买加短裤　　　　　图 4-2-11　超短裤

😊 从紧身造型分

裤子整体松量都较少，比较合体的款式造型。

● 材料：裤子是身体运动幅度比较大的服装，具有动感设计，强调苗条的腿部曲线，适合选用伸缩性好且有弹性的材料。

● 款式：

（1）细裤：臀部松量少，向裤脚口逐渐变细造型的裤子，也称细长裤、窄裤。因为松量少，所以必须要考虑日常动作所需的最少松量。

（2）斗牛士裤：是模仿西班牙斗牛士裤而设计的款式，也因此而得名。裤管细长及小腿肚稍上，裤口侧缝处开衩或开口，主要是为了考虑易于穿着而设计。

（3）脚蹬裤：在裤脚口连裁脚蹬或装上松紧带，该款式穿着时给人以苗条、合体之感。

😊 从裤脚口肥大分

从上至裤口较肥大的裤子款型。既有从臀围线位置向下逐渐变肥大的款式，也有从膝部位置向下逐渐变肥大的款式。

● 材料：

柔软有弹性的面料可以表现动感飘逸的造型，喇叭裤造型时选用的面料也可以与细裤相同。

● 款式：

（1）喇叭裤：从腰围至臀围都比较合体，从腿部开始松量逐渐变肥大的裤子造型。

（2）牧童裤：起源于南美的牧童穿着的裤型，裤长至小腿肚，裤口肥大宽松的款式。

（3）吊钟裤：从腰围至臀围合体且瘦，从膝部以下位置向裤口加入喇叭而变肥大，形成吊钟型的裤型。水兵裤也是吊钟裤造型。

图 4-2-12　脚蹬裤

图 4-2-13　喇叭裤

图 4-2-14　牧童裤

图 4-2-15　吊钟裤

😊 向裤脚口逐渐变细来分

是从腿部向裤口逐渐变细造型的裤子。

● 材料：

适合选用和直筒裤相同的面料。强调有张力感时选用弹性的、轻薄的面料。另外，选用似丝绸一样柔软面料，加入一定量的裥或碎褶，体现女性优雅之美。

● 款式：

（1）锥形裤：锥形裤是逐渐变细的意思，与细裤相比，锥形裤是从腰围至臀围加入裥或碎褶，具有一定的松量，从大腿开始至裤口逐渐变细造型的裤型。

（2）陀螺裤：强调腰部造型的裤型。因造型像西洋陀螺而得名。臀部膨胀，从腿部向裤口变细。

图 4-2-16　锥形裤　　　　　　　　图 4-2-17　陀螺裤

😊 从裤口收紧的裤型分

裤口部位通过裥或碎褶收紧，腿部形成膨松造型的款式。

● 材料：

膨胀量较多的造型适合选用轻薄柔软不易起皱的毛料或化纤面料，能够充分表现其优美的造型。

● 款式：

（1）灯笼裤：裤整体都具有松量的款式，裤口在膝下收紧后安装带袢的裤型。

（2）后妃裤：裤口较肥大，在脚踝部收紧而形成宽松的造型。因后妃穿而得名，裤长至踝部，整体膨胀是其主要特征。

（3）马裤：是骑马时穿的裤型，为方便骑马功能而设计，从膝部到大腿部宽松膨胀，从膝下到脚踝部合体，大多数装有纽扣或拉链。

（4）布鲁姆式灯笼裤：19世纪中叶，美国妇女解放运动的先驱者、女记者布鲁姆穿用的裤子款式。在裤腿处有充足宽松量，并在裤口处收碎褶形成气球造型，被称为超短裤。

   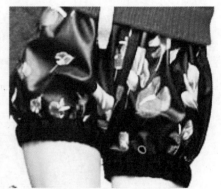

图 4-2-18 灯笼裤　　　图 4-2-19 后妃裤　　　图 4-2-20 马裤　　　图 4-2-21 布鲁姆式灯笼裤

😊 **其他的裤型**

（1）褶裤：是伊斯兰文化圈女性穿的裤型，直裆部分较长，裆部宽松肥大，在脚踝部位合体。

（2）伊斯兰裤：裤腰围一周加入褶裥，非常宽松，没有直裆，在下摆处抽成一团，只在裤脚口处收紧的造型，是伊斯兰教国家的民族服装代表。

（3）工装裤：工作服装采用较多的款式，是在一般裤型增加胸部肚兜的造型。

（4）牛仔裤：采用织制比较紧密结实的斜纹棉布制作而成的裤子。

图 4-2-22 褶裤　　　图 4-2-23 伊斯兰裤　　　图 4-2-24 工装裤　　　图 4-2-25 牛仔裤

【小知识二】牛仔裤

1850 年代，在美国西部聚集着开金矿淘金的劳动者，他们在工作时穿着的裤子款式，而后被现代社会所采用。

学习活动3　绘制男西裤

- 会描述男西裤的款式特点
- 能独立绘制男西裤

活动铅笔、针管笔

😊 男西裤的款式描述

裤腰为装腰型直腰，前中门里襟装拉链，前裤片腰口左右反折裥各1个，前袋的袋型为侧缝斜袋，右前裤片腰口处装表袋，裤带襻7根，后裤片腰口左右各收省2个，右后裤片单嵌线袋1个，平脚口。

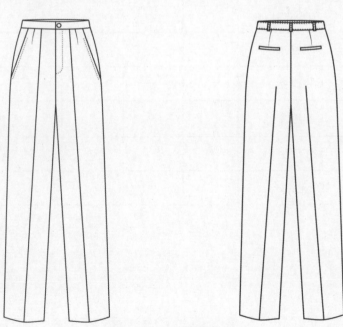

图 4-3-1　男西裤的款式

绘制男西裤

表4-3-1　男西裤绘制描述

绘制步骤	绘制内容	学习过程			自评	小组互评
		难	适中	简单	优 / 良 / 中	
第一步	裤腰					
第二步	前门襟					
第三步	裤侧缝					
第四步	裤裆缝					
第五步	裤裥（挺缝线）					
第六步	脚口					
第七步	裤襻					
第八步	前片侧缝斜袋					
第九步	前门襟细节					
第十步	修正裤正面图					
第十一步	后裤腰					
第十二步	后侧缝					
第十三步	后裆缝					
第十四步	后省					
第十五步	后嵌线袋					
第十六步	后挺缝线					
第十七步	修正后片					
第十八步	针管笔钩线					

绘画步骤

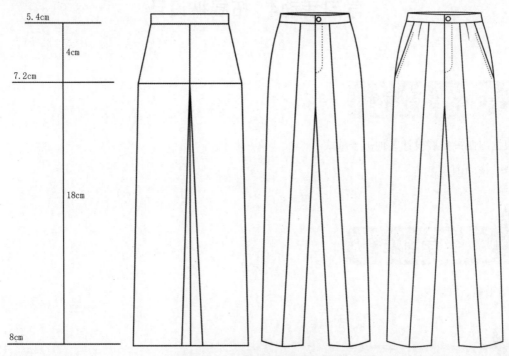

图 4-3-2 男西裤款式绘制步骤

裤子绘制案例

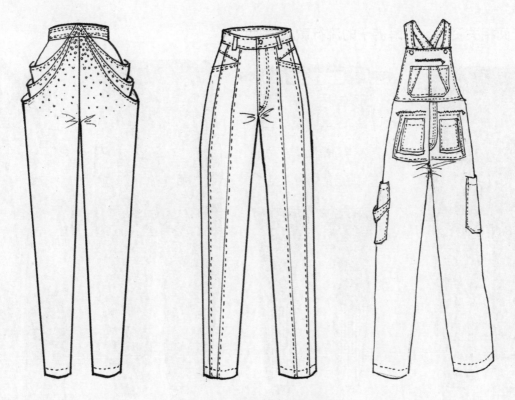

图 4-3-3 男西裤款式绘制案例

学习活动4　拓展裤设计

学习目标

● 能根据男西裤拓展设计其他裤子款式
● 激发学生的创新思维

学习准备

活动铅笔、针管笔

学习过程

😊 查阅相关资料，了解裤子的流行款式

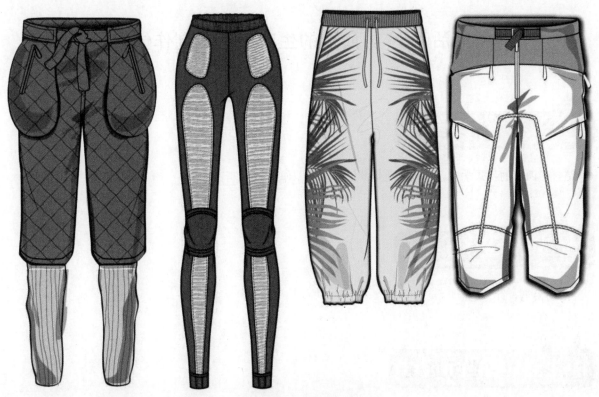

图 4-4-1　裤子的流行款式

表 4-4-1　裤装资料查阅表

查阅人		查阅内容	流行裤子款
查阅时间		资料共享成员	
查阅书籍或网站			
资料摘抄			

😊 分析资料，构思裤子款式

😊 独立设计完成三款裤子设计任务

学习活动5 男西裤的生产工艺单制作体验

● 结合男西裤的款式学习，体验企业生产工艺单的制作

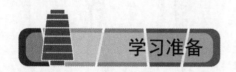

活动铅笔、针管笔

😊 接受任务后，各小组分析生产工艺单中的任务要求

表 4-5-1 男西裤生产工艺单

群益工作室男西裤生产工艺单									
款式编号	2014-QY-CS-1003	款式名称	男西裤	季节	春秋	制版规格单（单位：cm）			
正面图示（要求标明各缝子的工艺符号）：						部位	S	M	L	XL

部位	S	M	L	XL
裤长	96	100	104	108
臀围	92	96	100	104
腰围	74	76	78	80
脚口	22	23	24	25

用面料部件及片数说明：
裤片、腰头为直丝绺

辅料说明：
黏合衬 50cm
腰衬 1 m
拉链 1 根

背面图示（要求标明各缝子的工艺符号）： 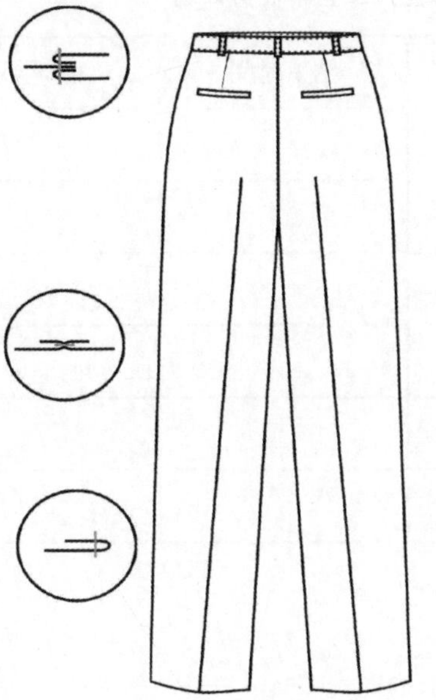	工艺要求说明： 　　腰头丝绺顺直，宽度一致，内外平伏，两端平齐，袢位恰当，串带袢整齐、无歪斜，左右对称；门襟止口顺直，长短一致，封口牢固，不起吊，拉链平伏，缉明线整齐；侧袋左右对称，袋口平伏，不拧不皱，缉线整齐。
款式概述： 　　裤腰为装腰型直腰，前中门里襟装拉链，前裤片腰口左右反折裥各1个，前袋的袋型为侧缝斜袋，右前裤片腰口处装表袋，裤带襻7根，后裤片腰口左右各收省2个，右后裤片嵌线袋1个，平脚口。	针距要求说明： 3cm 缝缉 13~14 针

制单人签名		制单时间		审核情况说明	
审核者签名		审核时间			

☺ 根据本任务的工作流程与活动，小组讨论完成本任务的工作安排

表4-5-2　男西裤工艺单制作工作流程

时间		主题	男西裤生产工艺单的制作
主持人		成员	
讨论过程			
结论			

☺ 根据小组讨论结果，制定完成工作任务的计划

表4-5-3 男西裤生产工艺单任务计划

序号	工作内容	开始时间	结束时间	工作要求	备注

评价与分析

表 4-5-4 评价与分析表

班级		姓名		学号		日期		
序号	评价要点					配分	得分	总评
1	了解了裤子的来源					10		
2	了解了裤子的各种分类					10		
3	知道了不同裤子款式的材料选择					10		
4	了解男西裤的外形特点					10		
5	会绘制男西裤					10		A□（86~100） B□（76~85） C□（60~75） D□（60以下）
6	能设计几款裤子					10		
7	认真查阅了相关裤子的资料					10		
8	会制作男西裤的生产工艺单					10		
9	学习态度积极主动，能参加安排的活动					10		
10	注重沟通，能自主学习和相互协作					10		

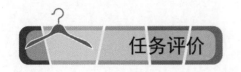
任务评价

表 4-5-5 活动过程评价表

班级			姓名		学号		日期		年	月	日
评价指标	评价要素						权重	等级评定			
								A	B	C	D
信息检索	能有效利用网络资源、工作手册查找有效信息						5%				
	能用自己的语言有条理地去解释、表述所学知识						5%				
	能将查找到的信息有效转换到工作中						5%				
感知工作	是否熟悉工作岗位，认同工作价值						5%				
	在工作中是否获得满足感						5%				
参与状态	与教师、同学之间是否相互尊重、理解、平等						5%				
	与教师、同学之间是否能够保持多向、丰富、适宜的信息交流						5%				
	探究学习、自主学习不流于形式，处理好合作学习和独立思考的关系，做到有效学习						5%				
	能提出有意义的问题或能发表个人见解；能按要求正确操作；能够倾听、协作、分享						5%				
	积极参与，在产品加工过程中不断学习，提高综合运用信息技术的能力						5%				
学习方法	工作计划、操作技能是否符合规范要求						5%				
	是否获得了进一步发展的能力						5%				
工作过程	遵守管理规程，操作过程符合现场管理要求						5%				
	平时上课的出勤情况和每天完成工作任务情况						5%				
	善于多角度思考问题，能主动发现并提出有价值的问题						5%				
思维状态	是否能发现问题、提出问题、分析问题、解决问题、创新问题						5%				
自评反馈	按时按质完成工作任务						5%				
	较好地掌握了专业知识点						5%				
	具有较强的信息分析能力和理解能力						5%				
	具有较为全面严谨的思维能力并能条理明晰地表述成文						5%				
自评等级											
有益的经验和做法											
总结反思建议											

等级评定：A：好　B：较好　C：一般　D：有待提高

101

表 4-5-6 活动过程评价互评表

班级			姓名		学号		日期	年 月 日		
评价指标	评价要素						权重	等级评定		
								A	B	C	D
信息检索	能有效利用网络资源、工作手册查找有效信息						5%				
	能用自己的语言有条理地去解释、表述所学知识						5%				
	能将查找到的信息有效转换到工作中						5%				
感知工作	是否熟悉工作岗位,认同工作价值						5%				
	在工作中是否获得满足感						5%				
参与状态	与教师、同学之间是否相互尊重、理解、平等						5%				
	与教师、同学之间是否能够保持多向、丰富、适宜的信息交流						5%				
	能处理好合作学习和独立思考的关系,做到有效学习						5%				
	能提出有意义的问题或能发表个人见解;能按要求正确操作;能够倾听、协作、分享						5%				
	积极参与,在产品加工过程中不断学习,提高综合运用信息技术的能力						5%				
学习方法	工作计划、操作技能是否符合规范要求						5%				
	是否获得了进一步发展的能力						5%				
工作过程	是否遵守管理规程,操作过程符合现场管理要求						5%				
	平时上课的出勤情况和每天完成工作任务情况						5%				
	是否善于多角度思考问题,能主动发现并提出有价值的问题						5%				
思维状态	是否能发现问题、提出问题、分析问题、解决问题、创新问题						10%				
自评反馈	能严肃认真地对待自评						15%				
互评等级											
简要评述											

等级评定:A:好 B:较好 C:一般 D:有待提高

任务五　衬衫的款式设计

学习目标

- 了解衬衫的概念、来源、发展和分类
- 能绘制男女衬衫
- 拓展设计各类衬衫
- 能制作女衬衫的生产工艺单

工作情境描述

　　XXX客户订购了一批不同款式的衬衫，要求休闲宽松，适合女性穿着。Alice接到任务后，根据客户的要求，认真研究了衬衫的起源、发展和分类，并设计了一个系列的衬衫。

工作流程与活动

- 学习活动1 关于女衬衫（2学时）
- 学习活动2 女衬衫的种类、款式、材料（2学时）
- 学习活动3 绘制女衬衫（4学时）
- 学习活动4 拓展绘制男衬衫（2学时）
- 学习活动5 拓展设计女衬衫（4学时）
- 学习活动6 女衬衫的生产工艺单制作体验（2学时）

学习活动1 关于女衬衫

学习目标

- 了解女衬衫的概念
- 知道女衬衫的起源和发展
- 会分辨各类女衬衫款式

学习准备

上网查阅女衬衫的相关资料

学习过程

女衬衫的概念

衬衫是一种穿在内外上衣之间、也可单独穿用的上衣。中国周代已有衬衫，称中衣，后称中单。宋代已用衬衫之名。公元前16世纪古埃及第18王朝已有衬衫，是无领、袖的束腰衣。14世纪诺曼底人穿的衬衫有领和袖头。16世纪欧洲盛行在衬衫的领和前胸绣花，或在领口、袖口、胸前装饰花边。18世纪末，英国人穿硬高领衬衫。维多利亚女王时期，高领衬衫被淘汰，形成现代的立翻领西式衬衫。19世纪40年代，西式衬衫传入中国。衬衫最初多为男性着装用，后逐渐向女性服饰过渡，现已成为女性常用服装品类之一。

图 5-1-1　女衬衫

😊 女衬衫的起源和发展

● 15世纪~16世纪

　　衬衫的穿着历史悠久，在欧洲最早穿着衬衫大约在9~10世纪。衬衫作为内衣穿大约在15世纪中期，可以从外衣领口或袖开口处看到里层作为内衣穿着的白衬衫。

　　这个时期开始在作为内衣穿着的麻质衬衫的领口或袖口抽褶，外轮廓渐渐宽大起来。同时用金、红、黑丝线在抽褶的滚条上进行刺绣。

　　此时期女性用衬衫多作为内衣用，可从长袍的胸口或袖开口处看到作为内衣穿着的衬衫。

● 17世纪~18世纪

　　到了17世纪，衬衫开始作为外衣穿着，材料一般选用麻或绢织物。到17世纪末路易14世时，男用服装开始出现上衣、背心（马夹）、衬衫组合在一起穿着的开衫套装。

　　对于农民或劳动者来说，并不受上流社会把衬衫作为内衣穿着的影响，衬衫一直是他们工作时穿着的外衣。其中的一例便是长罩衫（smock），胸与袖口处有刺绣装饰物，衣身松量较多，比较适合工作时穿着。

图 5-1-2　15世纪~16世纪的衬衫　　　　　　图 5-1-3　17世纪~18世纪的衬衫

● 19世纪

　　以穿着于外衣及马夹内的衬衫为基础而提出衬衫概念的是19世纪上流社会的中心人物保·布朗迈洛。保·布朗迈洛的本名是乔治·弗拉伊安布朗迈洛（1778-1840年），出生于伦敦，是时尚的创始人。

　　保·布朗迈洛的着装信条是控制装饰、本色与清洁，而且服装要合体。这依赖于英国的缝制技术。关于清洁，是要每天数次沐浴，每次沐浴都要更换衬衫，并要用心洗涤衬衫。亚麻质地白衬衫是清洁的象征，也是绅士着装的重点。

19世纪中期时衬衫的下摆还呈角状，此后，前后下摆开始变得有弯弧，同色衬衫也开始有条纹或圆点花纹出现。

与男衬衫对应的女衬衫在19世纪中期出现。1860年代，意大利爱国者格利巴路帝穿着的无领、长袖、宽松的红衬衫迅速在美国、英国的年轻女性中流行起来。

1860年代，在英文中出现了blouse（在美语中则为shirtwaist）的表现女衬衫的词汇。

到了1880年，女性服装中也开始流行西装领套装。在此套装组合中就有女衬衫。此后blouse专指女衬衫。

● 20世纪

进入20世纪，从日常便装到晚礼服，以及运动服等服装的设计越来越多样化，这种多样化一直延续到现在。

图 5-1-4　19世纪的衬衫

图 5-1-5　20世纪的衬衫

106

学习活动2　女衬衫的种类、款式、材料

学习目标

● 了解女衬衫的分类

● 能区分各类女衬衫的领型、袖型、袋型

● 能根据不同的衬衫款式选择适合的面料

学习准备

面料小样、衬衫款式

学习过程

根据着装方法、外轮廓或者细节等，女衬衫可以有如下几种分类。

😊 根据形态来分

● 罩衫型女衬衫

底摆可以罩在裙子或裤子的外面来穿着的女衬衫。虽然衣长不定，但下摆与衣长的平衡是很关键的。

● 下摆塞在下装中的女衬衫

下摆可以塞进裙或裤子中穿着的女衬衫，衣长要长到可盖住臀部的长度。材料要选择薄型的，这样不会在塞入的下装中鼓起。

● 男衬衫型女衬衫

有男式衬衫的风格，在领子、袖克夫、前门襟、口袋等处缉明线，有运动感。

● 水手型女衬衫

整体较宽松，外轮廓呈箱形，领子为海军领的女衬衫。采用美式海军服的一些特点而设计出的款式，也可以作为学生制服来穿着。

图 5-2-1　罩衫型女衬衫

图 5-2-2　下摆塞在下装中的女衬衫

图 5-2-3　男衬衫型女衬衫

图 5-2-4　水手型女衬衫

● 露腰女衬衫

衣身处于胸围线上端与腰围线之间，衣长很短，可以作为休闲装或时装衬衫穿着。

● 露肩女衬衫

类似于衬衣、小背心等内衣，带有肩带的女衬衫，多为紧密贴合人体的设计。

图 5-2-5　露腰女衬衫

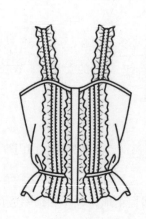

图 5-2-6　露肩女衬衫

● 宽松型女衬衫

衣长过腰围线并适当延长，下摆处穿带子或绳子后收腰，使下摆自然蓬松的女衬衫。

● 前中心扎结型女衬衫

由上衣前底摆处多裁出扎结布，并在前中心扎结，配合短裤等可作为休闲装来穿着。

● 美国西部牛仔型女衬衫

美国西部牛仔穿着的运动型长袖衬衫，特点是弧线型约克、缉明线、带纽扣的袋盖、金属纽扣、刺绣等。

  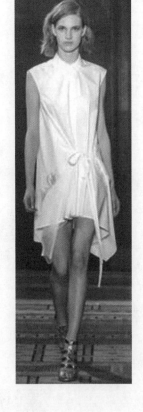

图 5-2-7　宽松型女衬衫

图 5-2-8　前中心扎结型女衬衫　　　　　　图 5-2-9　美国西部牛仔型女衬衫

😊 **根据细节来分**

从女衬衫的领、袖克夫、口袋等细节部位分，下面将一一介绍。领最能突出表现人的面部，是成衣的重要部分。即使同样形态的领，改变其大小或装领位置（领围）也会产生不一样的效果，故从设计角度来看，领也是设计的重点。袖克夫与口袋也同样既有功能用途也有设计用途，且设计时需要考虑它们与整个衣身的平衡。

● 领

（1）关门领：最基本的领型，自然沿颈部一周，因领形较小，故有休闲、轻便的感觉。

（2）带领座（底领）的衬衫领：领座直立环绕颈部一周，翻领拼缝于领座之上的领型（亦称男衬衫领）。

图 5-2-10　关门领　　　　　　　　　　　图 5-2-11　带领座（底领）的衬衫领

（3）敞领：翻领与由衣身连裁出的驳头拼缝而成且有领缺嘴的领型，穿着时领口敞开，故称开领。具有这样领子的衬衫称为开领衬衫。

（4）立领：直立环绕颈部一周的领型，改变领宽与领直立角度可得到各种不同的效果，亦称旗袍领、唐装领、军装领等。

图 5-2-12　敞领　　　　　　　　　　　　图 5-2-13　立领

（5）卷领：翻卷直立于颈部一周，使用斜裁布会有比较柔和的效果，在后中心开口的情况较多。

（6）长方领：与敞领相同，领口呈敞开状，但没有领缺嘴。长方形的翻领与驳头拼缝在一起。

图 5-2-14　卷领　　　　　　　　　　　　　　　图 5-2-15　长方领

（7）坦领：领座较低，平坦翻在衣身上，改变领宽与领外围形状会得到多种不同效果。

（8）两用领：第一粒纽扣可扣上穿着亦可打开穿着的领子。第一粒纽扣扣上穿则成关门领，打开穿则成敞领，故称两用领。

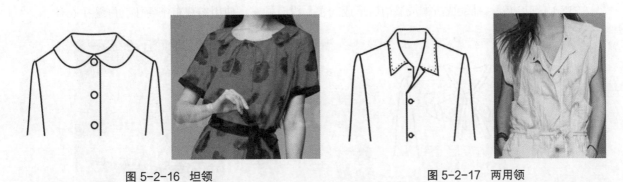

图 5-2-16　坦领　　　　　　　　　　　　　　　图 5-2-17　两用领

（9）海军领：前领围呈V字形，而后领则呈四方形，并下垂为宽大的坦领。常见于海军服或水手服，故得此名。

（10）扎结领：像领带一样呈长条、带状下垂的领子。扎结方法不同，能产生不同的效果。

图 5-2-18　海军领　　　　　　　　　　　　　　图 5-2-19　扎结领

（11）蝴蝶结领：领子呈长条、带状，可结成蝴蝶结。根据所采用的纱向（斜纱、经纱）不同，蝴蝶结的视觉效果也不同。

（12）白色大圆领：是能够盖住肩部的大坦领，常见于清教徒服装中。纯白的颜色、大大的领形，故称之为白色大圆领。

图 5-2-20　蝴蝶结领　　　　　　　　　　　　　　图 5-2-21　白色大圆领

（13）荷叶边领：抽缩成折裥或皱褶后形成的领，没有领座，使用斜裁布条卷住缝份缝在衣身上。

图 5-2-22　荷叶边领

● 袖克夫

（1）带状克夫：平直的嵌条型克夫，在袖口一般会进行抽褶或打裥。

（2）滚条型克夫：用斜纱向或直纱向布条做成的细长的滚条型克夫，在袖口一般会进行抽褶。

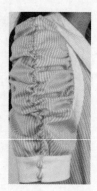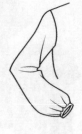

图 5-2-23　带状克夫　　　　　　　　　　　　　　图 5-2-24　滚条型克夫

112

（3）直线型克夫：袖口与克夫同尺寸，主要用于紧身袖或合体袖的袖口。

（4）单层克夫：不可翻折的克夫。克夫上钉有纽扣。

图 5-2-25　直线型克夫

图 5-2-26　单层克夫

（5）双层克夫：可翻折的克夫，两层克夫之间可用纽扣固定住，多用于正式衬衫或礼服型女衬衫。

（6）可换型克夫：可拆卸下来替换的克夫。在克夫的两端分别开纽扣眼，钉纽扣。翻折起来有双层克夫的风格，放下来则是单层克夫。

图 5-2-27　双层克夫

图 5-2-28　可换型克夫

（7）翼型克夫：翻折后克夫的两端像鸟的翅膀一样向外扩张。

（8）下垂式克夫：克夫向下垂。形状有喇叭形、圆形等，可抽褶、打褶，是比较时尚的一种克夫。

图 5-2-29　翼型克夫

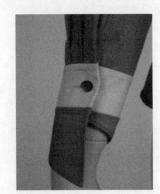

图 5-2-30　下垂式克夫

（9）扣纽扣型克夫：要用纽扣扣住的克夫，使用包扣或小纽扣。一般紧包手腕，作装饰用。

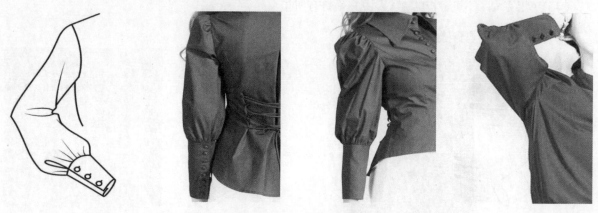

图 5-2-31　扣纽扣型克夫

● 口袋

女衬衫的口袋以贴袋居多。利用胸部育克、分割线等可做出各种以设计效果为目的的假口袋。

（1）贴袋

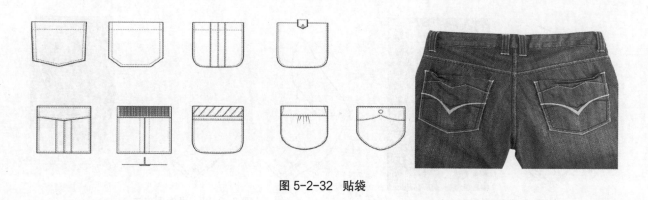

图 5-2-32　贴袋

（2）有袋盖的贴袋

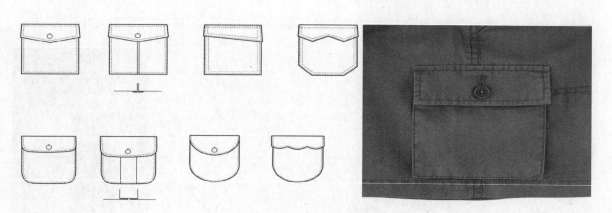

图 5-2-33　有袋盖的贴袋

114

（3）假口袋

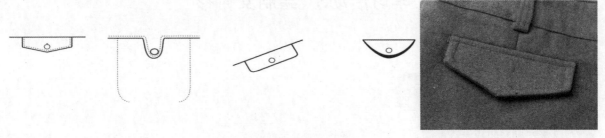

图 5-2-34　假口袋

😊 **关于女衬衫所用的材料**

　　适用于女衬衫的材料一般是细平布、高级起毛细棉布、皱纹布、泡泡纱、条格平布、缎、棉哔叽、牛仔布、棉蕾丝、粗蓝斜纹布等。

　　厚型材料有灯芯绒及其他起绒织物等。

　　若想穿着比较潇洒，可采用薄型乔其纱、丝织物、化纤织物等。若想体现曲线轮廓可采用有弹力的材料。

学习活动3 绘制女衬衫

学习目标

- 会描述女衬衫的款式特点
- 能独立绘制女衬衫

学习准备

活动铅笔、针管笔

学习过程

☺ 衬衫的款式描述

领型为开门翻立领。前中加襟2cm宽，单排扣，钉扣4粒，前片收省，袖型为独片式泡泡袖，袖口抽细褶装饰，并滚边0.6cm。前后片腰节略吸腰，后背收省2个。

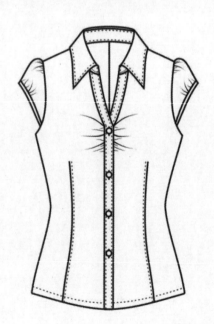
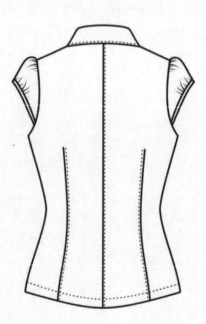

图 5-3-1　女衬衫的款式描述

116

体验绘制女衬衫

● 绘制上衣模板

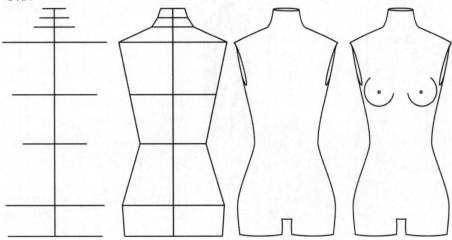

图 5-3-2　绘制上衣模板

● 绘制女衬衫（样图）

图 5-3-3　绘制女衬衫

图 5-3-4 女衬衫绘制案例

● 绘制女衬衫

表5-3-1　女衬衫绘制过程表

绘制步骤	绘制内容	学习过程			自评	小组互评
		难	适中	简单	优／良／中	互评
第一步	领					
第二步	肩线					
第三步	前门襟					
第四步	前侧缝					
第五步	下摆					
第六步	前片分割					
第七步	袖子					
第八步	纽扣					
第九步	修正前片					
第十步	后领					
第十一步	后肩					
第十二步	后中					
第十三步	后侧缝线					
第十四步	后背分割					
第十五步	后袖片					
第十六步	修正后片					
第十七步	前后片止口线					
第十八步	针管笔钩线					

学习活动4 拓展绘制男衬衫

- 能根据女衬衫，拓展设计男衬衫款式
- 激发学生的创新思维

活动铅笔、针管笔

😊 **查阅相关资料，了解男衬衫的流行款式**

图 5-4-1 男衬衫流行款式

表5-4-1　男衬衫流行款式资料查阅表

查阅人		查阅内容	流行男衬衫
查阅时间		资料共享成员	
查阅书籍或网站			
资料摘抄			

😊 **分析资料，构思男衬衫款式**

😊 **独立设计完成三款男衬衫设计任务**

学习活动5　拓展设计女衬衫

● 能根据女衬衫，拓展设计其他女衬衫款式
● 激发学生的创新思维

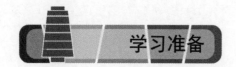

活动铅笔、针管笔

😊 查阅相关资料，了解女衬衫的流行款式

图 5-5-1　女衬衫流行款式1

图 5-5-2　女衬衫流行款式2

表5-5-1　女衬衫流行款式资料查阅表

查阅人		查阅内容	流行女衬衫
查阅时间		资料共享成员	
查阅书籍或网站			
资料摘抄			

😊 分析资料，构思女衬衫款式

😊 独立设计完成三款女衬衫设计任务

学习活动6 女衬衫的生产工艺单制作体验

学习目标

● 结合女衬衫的款式学习，体验企业生产工艺单的设计

学习准备

活动铅笔、针管笔

学习过程

☺ 接受任务后，各小组分析生产工艺单中的任务要求

表 5-6-1 群益工作室女衬衫生产工艺单

群益服饰有限公司围裙产品生产工艺单									
款式编号	2014-QY-CS-1003	款式名称	衬衫	季节	春夏	制版规格单（单位：cm）			
正面图示：（要求标明各缝子的工艺符号）						部位	S	M	L	XL

部位	S	M	L	XL
领围	36	37	38	39
胸围	92	96	100	104
腰围	70	74	78	82
肩宽	37	38	39	40
臀围	94	98	102	106
后衣长	58	60	62	64
后背长	36	37	38	39
袖长	53	55	57	59
袖口	21	22	23	24

面料小样：

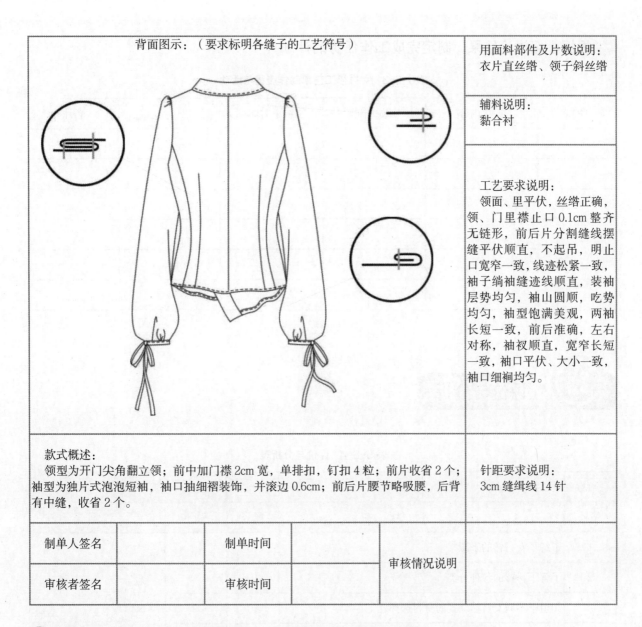

背面图示：（要求标明各缝子的工艺符号）	用面料部件及片数说明： 衣片直丝绺、领子斜丝绺
	辅料说明： 黏合衬
	工艺要求说明： 　领面、里平伏，丝绺正确，领、门里襟止口 0.1cm 整齐无链形，前后片分割缝线摆缝平伏顺直，不起吊，明止口宽窄一致，线迹松紧一致，袖子绱袖缝迹线顺直，装袖层势均匀，袖山圆顺，吃势均匀，袖型饱满美观，两袖长短一致，前后准确，左右对称，袖衩顺直，宽窄长短一致，袖口平伏、大小一致，袖口细裥均匀。

款式概述： 　领型为开门尖角翻立领；前中加门襟 2cm 宽，单排扣，钉扣 4 粒；前片收省 2 个；袖型为独片式泡泡短袖，袖口抽细褶装饰，并滚边 0.6cm；前后片腰节略吸腰，后背有中缝，收省 2 个。	针距要求说明： 3cm 缝缉线 14 针

制单人签名		制单时间		审核情况说明
审核者签名		审核时间		

😊 **根据本任务的工作流程与活动，小组讨论完成本任务的工作安排**

表5-6-2　女衬衫工艺单制作流程与活动

时间		主题	女衬衫生产工艺单的制作
主持人		成员	
讨论过程			
结论			

根据小组讨论结果，制定完成工作任务的计划

表5-6-3　女衬衫工艺单制作流程与活动

序号	工作内容	开始时间	结束时间	工作要求	备注

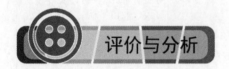
评价与分析

表 5-6-4　评价与分析表

班级		姓名		学号		日期	
序号	评价要点				配分	得分	总评
1	了解了女衬衫的来源				10		
2	了解了衬衫的各种分类				10		
3	知道了不同女衬衫款式的材料选择				10		
4	了解女衬衫的外形特点				10		
5	会绘制女衬衫				10		A □（86~100） B □（76~85） C □（60~75） D □（60以下）
6	能设计几款男女衬衫				10		
7	认真查阅了相关男女衬衫的资料				10		
8	会制作女衬衫的生产工艺单				10		
9	学习态度积极主动，能参加安排的活动				10		
10	注重沟通，能自主学习和相互协作				10		

任务评价

表 5-6-5 活动过程评价表

班级			姓名	学号		日期	年 月 日		
评价指标	评价要素					权重	等级评定		
							A	B	C	D
信息检索	能有效利用网络资源、工作手册查找有效信息					5%				
	能用自己的语言有条理地去解释、表述所学知识					5%				
	能将查找到的信息有效转换到工作中					5%				
感知工作	是否熟悉工作岗位，认同工作价值					5%				
	在工作中是否获得满足感					5%				
参与状态	与教师、同学之间是否相互尊重、理解、平等					5%				
	与教师、同学之间是否能够保持多向、丰富、适宜的信息交流					5%				
	探究学习、自主学习不流于形式，处理好合作学习和独立思考的关系，做到有效学习					5%				
	能提出有意义的问题或能发表个人见解；能按要求正确操作；能够倾听、协作、分享					5%				
	积极参与，在产品加工过程中不断学习，提高综合运用信息技术的能力					5%				
学习方法	工作计划、操作技能是否符合规范要求					5%				
	是否获得了进一步发展的能力					5%				
工作过程	遵守管理规程，操作过程符合现场管理要求					5%				
	平时上课的出勤情况和每天完成工作任务情况					5%				
	善于多角度思考问题，能主动发现并提出有价值的问题					5%				
思维状态	是否能发现问题、提出问题、分析问题、解决问题、创新问题					5%				
自评反馈	按时按质完成工作任务					5%				
	较好地掌握了专业知识点					5%				
	具有较强的信息分析能力和理解能力					5%				
	具有较为全面严谨的思维能力并能条理明晰地表述成文					5%				
自评等级										
有益的经验和做法										
总结反思建议										

等级评定：A：好　B：较好　C：一般　D：有待提高

表 5-6-6 活动过程评价互评表

班级			姓名		学号		日期		年　月　日		
评价指标	评价要素						权重	等级评定			
								A	B	C	D
信息检索	能有效利用网络资源、工作手册查找有效信息						5%				
	能用自己的语言有条理地去解释、表述所学知识						5%				
	能将查找到的信息有效转换到工作中						5%				
感知工作	是否熟悉工作岗位，认同工作价值						5%				
	在工作中是否获得满足感						5%				
参与状态	与教师、同学之间是否相互尊重、理解、平等						5%				
	与教师、同学之间是否能够保持多向、丰富、适宜的信息交流						5%				
	能处理好合作学习和独立思考的关系，做到有效学习						5%				
	能提出有意义的问题或能发表个人见解；能按要求正确操作；能够倾听、协作、分享						5%				
	积极参与，在产品加工过程中不断学习，提高综合运用信息技术的能力						5%				
学习方法	工作计划、操作技能是否符合规范要求						5%				
	是否获得了进一步发展的能力						5%				
工作过程	是否遵守管理规程，操作过程符合现场管理要求						5%				
	平时上课的出勤情况和每天完成工作任务情况						5%				
	是否善于多角度思考问题，能主动发现并提出有价值的问题						5%				
思维状态	是否能发现问题、提出问题、分析问题、解决问题、创新问题						10%				
自评反馈	能严肃认真地对待自评						15%				
互评等级											
简要评述											

等级评定：A：好　B：较好　C：一般　D：有待提高

128

任务六 女外套的款式设计

学习目标

● 了解女外套的概念、来源、发展和分类

● 能绘制女外套

● 拓展设计各类女外套

● 拓展设计各类男外套

● 能制作女外套的生产工艺单

工作情境描述

　　XXX客户订购了一批不同款式的外套，要求休闲宽松，适合女性穿着。Alice接到任务后，根据客户的要求，认真研究了女外套的起源、发展和分类，并设计出了一个系列的女外套。

工作流程与活动

● 学习活动1 关于女外套（2学时）

● 学习活动2 女外套的种类、款式、材料（2学时）

● 学习活动3 认识驳领（2学时）

● 学习活动4 认识女外套袖子（2学时）

● 学习活动5 认识女外套结构线（2学时）

● 学习活动6 绘制女外套（4学时）

● 学习活动7 拓展绘制男西装（2学时）

● 学习活动8 拓展设计女外套（4学时）

● 学习活动9 女外套的生产工艺单制作体验（2学时）

学习活动1 关于女外套

学习目标

- 了解女外套的概念
- 知道女外套的起源和发展
- 会分辨各类女外套款式

学习准备

上网查阅女外套的相关资料

学习过程

😊 女外套的概念

所谓套装是指一套组合搭配的服装，可以是一套或由三件组合而成的三件套。男士套装往往由上装、背心、裤子组合而成，女士套装往往由春秋上装、裙子组合而成。

女性套装，起初仿效有代表性的男士西装式样。后来发展为利用柔软质感的同种面料设计的套装与利用不同面料设计的套装，其名称有所不同，但现在从广义上讲，都把它称为套装。

😊 女外套的起源和发展

- 16世纪~18世纪

该时期男子上衣出现了从短的上装和连裤袜的组合，到长过腰围的外套与紧身背心以及紧身的短裤组合的几种

图 6-1-1　女外套

套装款式。

进入18世纪罗可可时期，套装的造型变得更加简洁、流畅。这个时期的上装、背心、裤子，还不是采用同种面料制作，而是采用有一定差异的面料，采用相同面料制作是在后来才出现的。

● 19世纪

进入19世纪后，在产业化快速发展的英国，能够生产出优质的羊毛面料，同时也产生了新的裁剪技术。现在看到的宽背形的燕尾服，是由翻领和驳头构成的西装领上衣，就是新型裁剪技术的结晶。

在19世纪，一部分女性套装是以连衣裙形式为主，而另一部分上层社会女性们，为方便骑马是穿着上装与裙子组合的套装。19世纪中叶以后，随着女性活动范围扩大，除了考虑工作和运动的实用性外，女装也设计了有利于穿脱、方便活动的二件套、三件套等款式。

进入1880年后，流行后裙撑式的西装。19世纪末，流行S形的西装与裙子，里面则配衬衣的造型，是由鲁道夫和克里多设计师们设计的。

● 20世纪

进入20世纪后，根据社会背景的不同，男性服装变得多样化。从日常穿着的西装到正式场合穿着的燕尾服，都符合服装穿着的TPO（时间、地点、场合）原则。此外，第二次世界大战后，各个领域女性的社会地位逐渐在转变，进入社会的机会增加了，由此产生某些女性穿着男式西装造型的上衣和裙子的组合套装，从而成为她们工作和日常生活的固定着装。面料则从休闲的到传统的，呈现多样化。

1960年伊夫·圣·洛兰发表的裤子式套装则丰富了套装的款式，穿着者可以根据穿着特点及个人爱好进行自由选择。

图6-1-2　19世纪西装外套　　　　　　　　　　图6-1-3　20世纪西装外套

131

学习活动2 女外套的种类、款式、材料

学习目标

- 了解女外套的分类
- 能区分各类女外套的领型、袖型和袋型
- 能根据不同的女外套款式选择适合的面料

学习准备

面料小样、衬衫款式

学习过程

😊 根据形态分类

（1）翻驳领西服套装：像男式西装那样，感觉精致、硬朗。最初是因为在男装的裁缝店定做，有裁缝定制的套装的意思，因此而得名。该款式在西装中是最基本的形状，穿用范围也比较广。

图6-2-1 翻驳领西服套装

（2）单排扣西服套装：左右前衣身叠合，单排纽扣上装组合的西服总称。

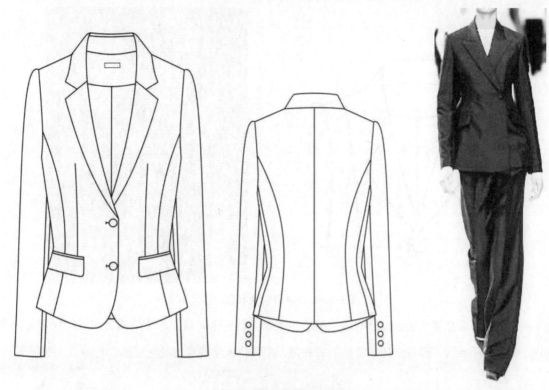

图6-2-2　单排扣西服套装

（3）双排扣西服套装：左右前衣身叠合最多，两排纽扣的上装组合。

图6-2-3　双排扣西服套装

133

（4）V字形领缺嘴驳折领：有领缺嘴的衣领。串口线为直线，驳头上部向下的衣领。

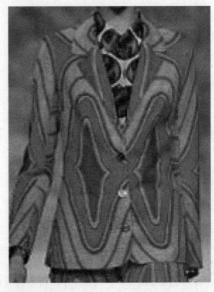

图6-2-4　V字形领缺嘴驳折领

（5）火焰色西服套装：宽松轮廓的运动型春秋上衣。钉有金属纽扣、装饰用徽章等比较常见。火焰一词出自英文"blaze"，"即将燃烧的色彩"的意思，由剑桥大学赛艇比赛时穿的红色春秋上装得来。

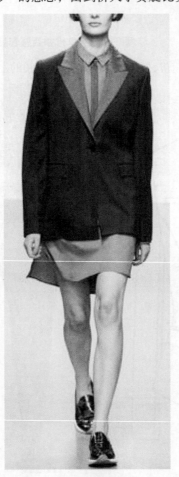

图6-2-5　火焰色西服套装

（6）长披风套装：带有披肩的上装或披肩式的上衣套装。由苏格兰的Inverness地方男性防寒用服装得来。

图6-2-6　长披风套装

（7）开襟毛衣式套装：前开口，用纽扣固定，圆领口或V形领口的无领上装组合的套装。

图6-2-7　开襟毛衣式套装

（8）披肩套装：与装有能盖住肩部的短小披肩的上衣组合起来的套装。肩部因为有两层，所以比较保暖，可防寒。

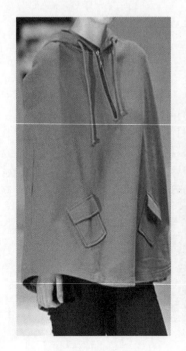

图6-2-8　披肩套装

（9）游猎套装：以狩猎家、探险家的服装为原型，呈直线型，具有机能活动性的套装。带有大贴袋、肩章、腰带等装饰特征。与裤裙、百慕达裤子及带有大折裥的裙子的组合搭配比较多。

图6-2-9　游猎套装

（10）衬衣式套装：衣领、袖口、前开口部分等类似衬衣风格的上装，与裙子或裤子组合的休闲风格的套装。

图6-2-10　衬衣式套装

（11）斯潘塞（Spencer）套装：与较短、较贴体型的春秋上衣组合起来的套装。19世纪初期，英国的斯潘塞（Spencer）伯爵首次穿着这样的上衣。由此而得名。

图6-2-11　斯潘塞（Spencer）套装

（12）跳伞装：上装与裤子连在一起的套装，是从飞行中跳伞部队服得到启发。即使跳跃也不困难，因此而得名。从休闲的衬衣风格到大圆领女背心的传统风格都有。

图6-2-12 跳伞装

（13）夏奈尔套装：由法国设计师夏奈尔（1883-1971年）设计的套装，在当时属运动型风格，现在则更被认作为优雅风格。典型的造型是开襟毛衣上装与及膝裙组合的套装，具有无领、安装四个口袋、镶边、装饰扣、里料为衬衣类里料等特征。

图6-2-13　夏奈尔套装

（14）束腰套装：与淡化臀部外形的细长形长上装组合的套装。Tunic是古罗马时期的长衬衫式内衣，现在则指衣长超过并包覆臀部的衣服。

图6-2-14　束腰套装

140

（15）诺福克套装：后衣身加入了约克和褶裥，腰处用相同的布料做的腰带，只装在后面或者一直装到前面，具有功能性的一种套装。从19世纪末到20世纪初在英国被用于狩猎、打高尔夫、骑自行车，常以诺福克州名和诺福克伯爵名来统称这类服装。

图6-2-15　诺福克套装

（16）作战套装：因其造型像战斗服而得名。上装长至腰部，前面叠合处装拉链、暗门襟的情况比较多，而且有口袋。常被年轻人作为紧身上衣和休闲上衣穿用。

图6-2-16　作战套装

（17）腰部有装饰短裙的套装：上装的腰到臀部之间装有裙子状的其他布料，这个部分采用折裥或抽褶，这类有分割线的上衣组合起来的套装。设计者的灵感来源于古希腊女性披在肩上的服装（Peplos）。

图6-2-17　腰部有装饰短裙的套装

（18）束带套装：装有腰带的套装的总称，也有在侧部和后部装腰带。

图6-2-18　束带套装

（19）骑马装：骑马服，上衣的长度隐藏了臀，为与裤子的臀部窿起相吻合，增加下摆宽度，形成了整个造型。后中心和摆缝处加入了很长的衩，适合骑马用。上衣、骑马裤、衬衫、领巾状领带、帽子、长靴是该套装的组合。

图6-2-19　骑马装

😊 根据材料分类

（1）针织套装：用编织物或针织面料做成的套装。

（2）皮革套装：用皮革做的套装，用以防寒或者四季搭配穿用。

😊 关于材料

可根据套装的款式、穿着目的来选择颜色、花型、编织方式。

（1）若为设计有很多分割线的款式时，可选择素色或者比较简洁的面料；若为基本款式时，选择组织结构和花型变化的面料是普遍的做法。

（2）正规的套装面料有法兰绒、粗花呢、华达呢、双层乔其纱（双层女衣呢）、开司米（羊绒）、中厚型精纺毛织物、驼丝锦、法国斜纹（卡其）。

（3）另外，还有陆续开发的各种化学纤维供选用。

学习活动3　认识驳领

- 了解驳领的起源和概念；知道驳领的种类和构成
- 掌握驳领款式的手绘技能，培养学生观察能力、解决问题的能力

活动铅笔、针管笔

😊 驳领的起源

最早，国人都把驳领称为西装领，把带有驳领的服装称为西服，顾名思义是西洋式的服装，起源于欧洲。相传，是因为欧洲的渔民常年往返于海上，穿着领子敞开、纽扣少些的上衣比较方便，于是便出现了驳领的雏形，后来成为男式礼服的领子代表。19世纪设计师开始尝试把驳领的造型运用到女装。

😊 驳领的概念

是衣领与驳头相连，前门襟敞开呈V字形，两侧向外翻折的一种领型。

图6-3-1　驳领概念示意图

145

☻ 驳领的种类

● 平驳领：俗称西装领。是普通的驳领形式，适合单排扣西装。

● 枪驳领：是燕尾礼服的遗传型。适用于双排扣或单排扣西装。

● 倒驳领：也称拿破仑领，具有英伦风格，多用于风衣。

● 连驳领：是领面与驳头相连的一种驳领，如青果领等。

☻ 驳领的构成

驳头、驳口线、串口线、领缺口、领座、领面。

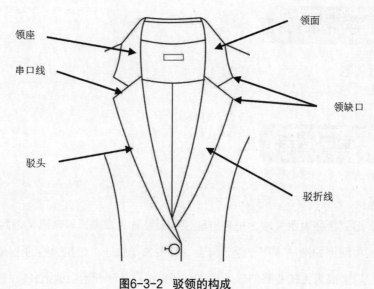

图6-3-2　驳领的构成

☻ 平驳领的绘画步骤

● 第一步：驳折线；

● 第二步：领座；

● 第三步：串口线；

● 第四步：驳头；

● 第五步：领缺口；

● 第六步：领面。

146

学习活动4 认识女外套袖子

- 了解女外套的袖子；知道袖子的种类和构成
- 掌握袖子的手绘技能，培养学生观察能力、解决问题的能力

活动铅笔、针管笔

☺ 衣袖的介绍

外套的袖子与领同样重要，在现代服装款式设计中具有重要的意义。因为对于人体活动而言，袖子既要适应人体上肢活动的特定需要，同时袖子的造型对服装的整体款式有很大的影响，对服装整体风格的体现有着重要的作用。

☺ 袖子的分类

- 按结构分类，袖子可分为连身袖、插肩袖和装袖。
- 按长短分类：袖子可分为无袖、短袖、中袖、中长袖、长袖。

☺ 袖子的结构

袖山头、袖肘线、袖衩、袖口

学习活动5　认识女外套结构线

学习目标

● 了解省道线的关系
● 知道服装款式设计和结构线的关系

学习准备

原型结构图模板一份

学习过程

😊 认识结构线

服装款式造型中的结构线既有装饰作用，也承载着功能作用。对服装结构知识的了解可以使服装设计师的设计更趋合理，与工艺师（以及样板师、样衣制作人员）的沟通更为顺畅。设计师对结构线的理解可以直接从款式图上表现出来。在服装款式的变化中，省道线、分割线和褶裥是重要的款式结构线。

😊 认识省道线

省道线是为了塑造服装的合体性而采用的一种塑形手法。人体是立体曲面的，为了让服装贴合人体，必须把多余的布料进行裁剪、收褶、缝合。女上衣省道主要集中在女性人体的躯干部位，分为上身部分的胸省与背省。

😊 认识分割线

分割线又叫开刀线，分割线的重要功能是从造型需要出发，将服装分割成几个部分，然后再进行缝制成衣，以求适体美观。分割线在服装中既能去除服装不需要的余量，显示其功能性作用，同时也能从美观的角度出发，对衣片进行纯粹的分割，因此分割线有装饰分割线与结构分割线之分。

装饰分割线主要指为了服装造型的需要使用分割线，附加在服装上起到装饰作用。分割线所处部位、形态和数量的改变会引起服装视觉艺术效果的改变。

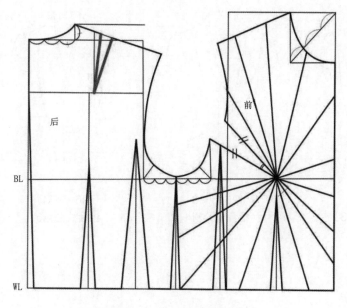

图6-5-1　女上衣省道分布

图6-5-2　分割线在服装结构图中的表现

装饰线

分割线

结构分割线主要指以塑造人体以及方便加工为特征的分割钱，结构分割线的设计不仅要设计服装的造型，而且要具有更多的实用功能性，如突出胸部、收紧腰部、扩大臀部等，使服装能够充分塑造人体曲线美。

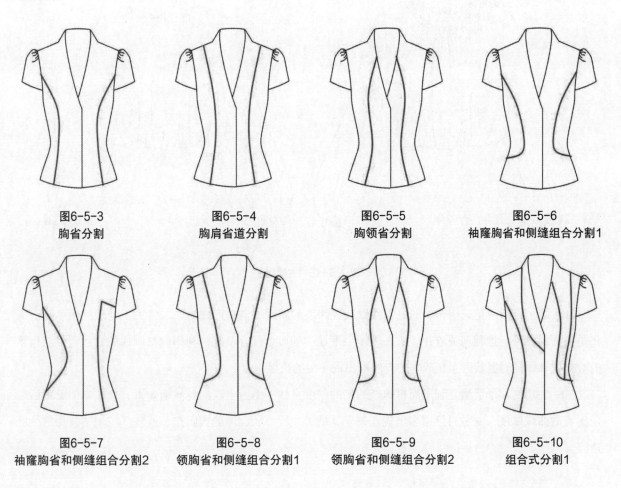

图6-5-3
胸省分割

图6-5-4
胸肩省道分割

图6-5-5
胸领省分割

图6-5-6
袖窿胸省和侧缝组合分割1

图6-5-7
袖窿胸省和侧缝组合分割2

图6-5-8
领胸省和侧缝组合分割1

图6-5-9
领胸省和侧缝组合分割2

图6-5-10
组合式分割1

149

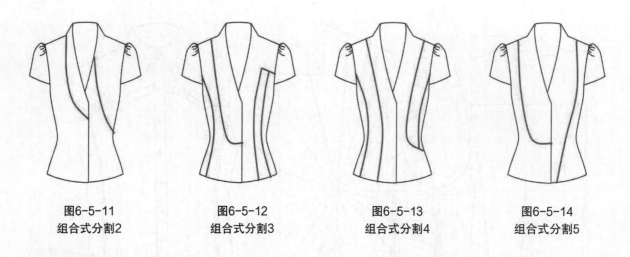

图6-5-11
组合式分割2

图6-5-12
组合式分割3

图6-5-13
组合式分割4

图6-5-14
组合式分割5

😊 认识褶裥

这是服装结构线的另一种形式，它将布料折叠缝合成多种形态的线条状，给人以自然飘逸的印象。褶裥在服装中运用非常广泛，为了达到宽松的目的，常会出现留一定的余量，使服装具有膨胀感、便于活动，可以补正人体的不足，也可以作装饰之用。根据形成的手法差异，褶可以分为自然褶与人工褶。

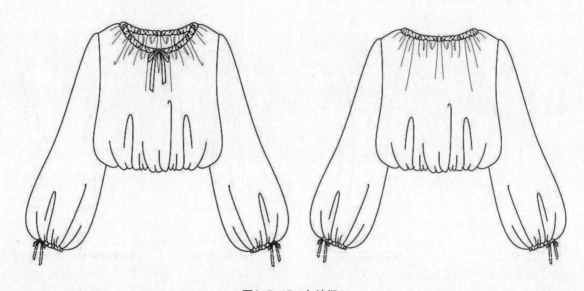

图6-5-15　自然褶1

自然褶：自然褶是利用布料的悬垂性以及经纬线的斜度，自然形成的、未经人工处理的褶。图6-5-15是把面料有松量地裁剪成衣片，再在领子、下摆、袖口处缝合系扎，利用面料飘逸的自然属性获得褶的唯美效果，同时服装因系扎产生的自然褶出现一定的松量。

图6-5-15的袖子造型是利用面料的经纬度的斜度自然下垂后出现的自然褶效果，且在自然下垂后出现优美的曲线弧度，这种自然褶多出现在领子、袖子、腰节、合体的太阳裙，或各部位用于装饰的荷叶边等。

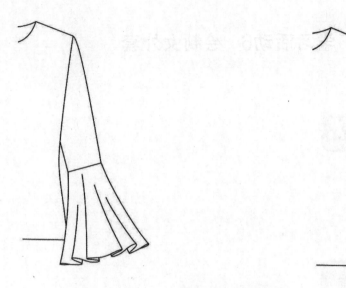

图6-5-16　自然褶2

人工褶：人工褶裥是把面料进行人为的折叠、抽拉、堆积而产生的。最有代表性的是裥，裥是把面料折叠成多个有规律、有方向的褶，然后经过熨烫定型处理而形成。根据折叠的方法和方向的不同，裥可分为顺裥、箱式裥、工字裥、风箱式裥。抽褶是利用松紧带或绳饰线将面料抽缩而产生的，抽缩量越大，皱褶越紧密。

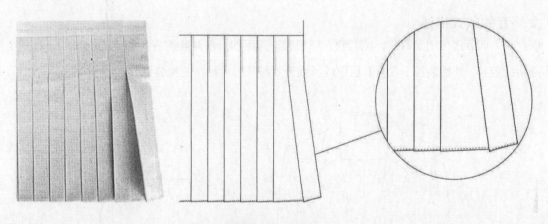

图6-5-17　人工褶

学习活动6 绘制女外套

学习目标

- 会描述女外套的款式特点
- 能独立绘制女外套

学习准备

活动铅笔、针管笔

学习过程

女外套的款式描述

该款式为四分法休闲女西装，翻驳领、二粒扣、圆下摆、前片收胸省并袖笼弧线开刀、双嵌线开袋装小圆角袋盖、二片圆装袖；后背有后中线、袖笼弧线开刀，袖口三粒装饰扣。

图6-6-1 四分法休闲女西装

图6-6-2　体验绘制女外套

绘制女外套

表6-6-1 女外套绘制描述

绘制步骤	绘制内容	学习过程			自评	小组互评
		难	适中	简单	优/良/中	
第一步	领					
第二步	肩线					
第三步	前门襟					
第四步	前侧缝					
第五步	下摆					
第六步	前片分割					
第七步	袖子					
第八步	纽扣					
第九步	修正前片					
第十步	后领					
第十一步	后肩					
第十二步	后中					
第十三步	后侧缝线					
第十四步	后背分割					
第十五步	后袖片					
第十六步	修正后片					
第十七步	前后片止口线					
第十八步	针管笔钩线					

154

学习活动7　拓展绘制男西装

- 能根据女外套，拓展设计男西装款式
- 激发学生的创新思维

活动铅笔、针管笔

😊 查阅相关资料，了解男西装的流行款式

图6-7-1　男西装的流行款式1

155

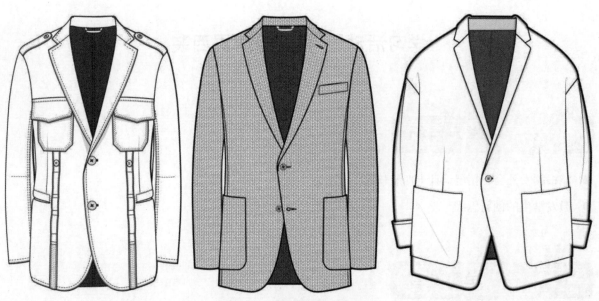

图6-7-2 男西装的流行款式2

表6-7-1 流行男外套信息查阅资料表

查阅人		查阅内容		流行男西装	
查阅时间		资料共享成员			
查阅书籍或网站					
资料摘抄					

😊 分析资料，构思男西装款式

😊 独立设计完成三款男西装设计任务

学习活动8 拓展设计女外套

学习目标

● 能根据女外套，拓展设计其他女外套款式

● 激发学生的创新思维

学习准备

活动铅笔、针管笔

学习过程

😊 查阅相关资料，了解女外套的流行款式

图6-8-1 女外套的流行款式1

图6-8-2 女外套的流行款式2

表6-8-1 流行女外套信息查阅资料表

查阅人		查阅内容	流行女外套
查阅时间		资料共享成员	
查阅书籍或网站			
资料摘抄			

😊 分析资料，构思女外套款式

😊 独立设计完成三款女外套设计任务

学习活动9　女外套的生产工艺单制作体验

● 结合女外套的款式学习，体验企业生产工艺单的制作

活动铅笔、针管笔

接受任务后，各小组分析生产工艺单中的任务要求

表 6-9-1　女外套生产工艺单

群益工作室女外套生产工艺单									
款式编号	2014-QY-CS-1005	款式名称	休闲女西装	季节	春夏	制版规格单（单位：cm）			
正面图示：						部位	S	M	L	XL
						肩宽	36	37	38	39
						胸围	88	92	96	100
						腰围	70	74	78	82
						臀围	92	96	100	104
						后衣长	58	60	62	64
						后背长	36	37	38	39
						袖长	54	56	58	60
						面料小样：			

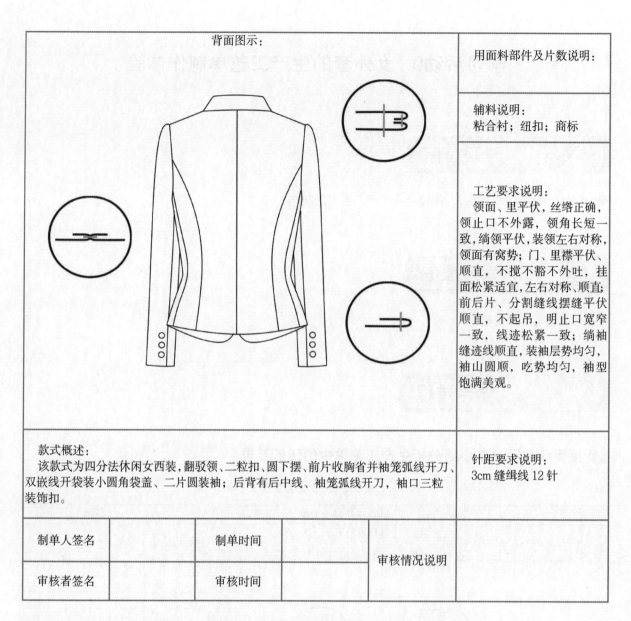

背面图示：		用面料部件及片数说明：
		辅料说明： 粘合衬；纽扣；商标
		工艺要求说明： 　领面、里平伏，丝绺正确，领止口不外露，领角长短一致，绱领平伏，装领左右对称，领面有窝势；门、里襟平伏、顺直，不搅不豁不外吐，挂面松紧适宜，左右对称、顺直；前后片、分割缝线摆缝平伏顺直，不起吊，明止口宽窄一致，线迹松紧一致；绱袖缝迹线顺直，装袖层势均匀，袖山圆顺，吃势均匀，袖型饱满美观。

款式概述： 　该款式为四分法休闲女西装，翻驳领、二粒扣、圆下摆、前片收胸省并袖笼弧线开刀、双嵌线开袋装小圆角袋盖、二片圆装袖；后背有后中线、袖笼弧线开刀，袖口三粒装饰扣。	针距要求说明： 3cm 缝缉线 12 针

制单人签名		制单时间		审核情况说明
审核者签名		审核时间		

😀 **根据本任务的工作流程与活动，小组讨论完成本任务的工作安排**

表6-9-2　女外套工艺单制作流程与活动

时间		主题	女外套生产工艺单的制作
主持人		成员	
讨论过程			
结论			

根据小组讨论结果，制定完成工作任务的计划

表6-9-3　女外套工作任务计划表

序号	工作内容	开始时间	结束时间	工作要求	备注

评价与分析

表 6-9-4　评价与分析表

班级		姓名		学号		日期	
序号	评价要点				配分	得分	总评
1	了解了女外套的来源				10		
2	了解了女外套的各种分类				10		
3	知道了不同女外套款式的材料选择				10		
4	了解女外套的外形特点				10		
5	会绘制女外套				10		A □（86~100）
6	能设计几款男女外套				10		B □（76~85）
7	认真查阅了相关男女外套的资料				10		C □（60~75） D □（60以下）
8	会制作女外套的生产工艺单				10		
9	学习态度积极主动，能参加安排的活动				10		
10	注重沟通，能自主学习和相互协作				10		

任务评价

表 6-9-5 活动过程评价表

班级			姓名		学号		日期		年 月 日		
评价指标	评价要素						权重	等级评定			
								A	B	C	D
信息检索	能有效利用网络资源、工作手册查找有效信息						5%				
	能用自己的语言有条理地去解释、表述所学识						5%				
	能将查找到的信息有效转换到工作中						5%				
感知工作	是否熟悉工作岗位，认同工作价值						5%				
	在工作中是否获得满足感						5%				
参与状态	与教师、同学之间是否相互尊重、理解、平等						5%				
	与教师、同学之间是否能够保持多向、丰富、适宜的信息交流						5%				
	探究学习、自主学习不流于形式，处理好合作学习和独立思考的关系，做到有效学习						5%				
	能提出有意义的问题或能发表个人见解；能按要求正确操作；能够倾听、协作、分享						5%				
	积极参与，在产品加工过程中不断学习，提高综合运用信息技术的能力						5%				
学习方法	工作计划、操作技能是否符合规范要求						5%				
	是否获得了进一步发展的能力						5%				
工作过程	遵守管理规程，操作过程符合现场管理要求						5%				
	平时上课的出勤情况和每天完成工作任务情况						5%				
	善于多角度思考问题，能主动发现并提出有价值的问题						5%				
思维状态	是否能发现问题、提出问题、分析问题、解决问题、创新问题						5%				
自评反馈	按时按质完成工作任务						5%				
	较好地掌握了专业知识点						5%				
	具有较强的信息分析能力和理解能力						5%				
	具有较为全面严谨的思维能力并能条理明晰地表述成文						5%				
自评等级											
有益的经验和做法											
总结反思建议											

等级评定：A：好 B：较好 C：一般 D：有待提高

表 6-9-6　活动过程评价互评表

班级			姓名		学号		日期	年 月 日			
评价指标	评价要素						权重	等级评定			
								A	B	C	D
信息检索	能有效利用网络资源、工作手册查找有效信息						5%				
	能用自己的语言有条理地去解释、表述所学识						5%				
	能将查找到的信息有效转换到工作中						5%				
感知工作	是否熟悉工作岗位，认同工作价值						5%				
	在工作中是否获得满足感						5%				
参与状态	与教师、同学之间是否相互尊重、理解、平等						5%				
	与教师、同学之间是否能够保持多向、丰富、适宜的信息交流						5%				
	能处理好合作学习和独立思考的关系，做到有效学习						5%				
	能提出有意义的问题或能发表个人见解；能按要求正确操作；能够倾听、协作、分享						5%				
	积极参与，在产品加工过程中不断学习，提高综合运用信息技术的能力						5%				
学习方法	工作计划、操作技能是否符合规范要求						5%				
	是否获得了进一步发展的能力						5%				
工作过程	是否遵守管理规程，操作过程符合现场管理要求						5%				
	平时上课的出勤情况和每天完成工作任务情况						5%				
	是否善于多角度思考问题，能主动发现并提出有价值的问题						5%				
思维状态	是否能发现问题、提出问题、分析问题、解决问题、创新问题						10%				
自评反馈	能严肃认真地对待自评						15%				
互评等级											
简要评述											

等级评定：A：好　B：较好　C：一般　D：有待提高

163

任务七 款式系列拓展设计与绘制

学习目标

● 了解款式系列的概念、原理、形式等内容

● 掌握款式系列设计的基本方法

● 掌握命题式款式系列设计的基本方法

● 掌握款式效果图绘制的基本方法

● 掌握款式效果图绘制的色彩、面料、图案的设计方法

● 掌握款式效果图绘制的整体效果调整的方法

工作情境描述

以全国职业技能大赛——服装设计与工艺为工作情境，从题目解读、审视开始，逐一理解考题要求，梳理要点设定，构思款式设计，规划绘制步骤，调整绘制效果，最终完成考试作品。

工作流程与活动

● 学习活动1 款式系列拓展设计的概念

● 学习活动2 款式系列拓展设计的基本要点

● 学习活动3 命题式款式系列拓展设计

● 学习活动4 款式效果图的绘制

● 学习活动5 款式效果图的色彩绘制与填充

● 学习活动6 款式效果图的面料绘制与填充

● 学习活动7 款式效果图的图案、纹样填充

● 学习活动8 款式效果图的整体效果调整

学习活动1 款式系列拓展设计的概念

学习目标

● 了解款式系列的概念、原理、形式等内容

● 能够完成一个系列款式的拓展

学习准备

● 通过网络获取知名品牌具有系列感设计的作品

学习过程

😊 款式系列拓展设计的概念

款式系列设计是以量化款式（3套以上）为基本前提，为使多套服装达到效果统一，具有相似的系列特征，系列款式中必定要有某种联系，这种联系是服装系列设计的关键要素，通常表现在主题、风格、色彩、款式、面料、细节、工艺及配饰等多个方面。

影响服装系列设计的效果强弱体现在所运用元素的变化上，即关键要素的变化运用是服装系列设计的重要手段。要素或元素的变化运用还需要有规则来指导，通常采用形式美原理法则来统一、协调服装系列设计的整体效果。

😊 款式系列拓展设计的原理

款式系列拓展是基于现有的款式作品而言的，现有的作品中所使用的元素及特征就是系列设计重点关注的对象之一。风格的统一对于服装系列设计来说至关重要，影响风格的是该风格所包含的特定元素，因此，服装款式系列拓展设计在外部造型、结构、部件、细节、搭配组合方式等特征要素方面，把决定或影响风格的元素特征进行保留，同时在服装款式系列的拓展设计中进行交叉与重组。另外，还需充分理解和把握风格的经典造型、经典搭配等，在系列拓展设计的作品之间，系列与系列之间呼应，进而使风格特征得到有效地强化。

图7-1-1　GUCCI 2013年春夏系列作品

图7-1-2　LANVIN 2012年春夏系列作品

学习活动2 款式系列拓展设计的基本要点

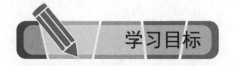

学习目标

- 了解款式系列的基本设计要点
- 能够根据每一项要点进行一个系列款式的拓展设计

学习准备

- 画纸、铅笔、橡皮

学习过程

以廓形为设计要点的款式系列拓展设计

以廓形为主要设计要点的款式系列拓展是基于现有款式的廓形特征，现有款式廓形的特征决定了接下来系列款式设计在廓形把握上需要具备的一致性原则。因此，概括和提炼现有款式廓形的基本特征显得尤其关键。通常情况下，我们会对廓形有一个简单直观的描述，如H型、A型、T型、X型、O型等。廓形就是一套服装的外部轮廓的剪影，规定了系列款式拓展所触及的最大限度，在这个限度的制约下，我们可以在内部进行结构线的分割、衣片的层次排列、口袋等细节填充、上下装的搭配组织等灵活的设计表现，使得系列拓展设计作品在统一中又有变化。

图7-2-1是一款基础拓展款式，我们首先抽象出该款式的廓形特征——X型，这一步工作的完成意味着接下来进行款式拓展设计的工作就有了一个参照标准，图7-2-3较好地将X型廓形进行了保留，但是仅仅做到廓形一致还显得不够，因此，在结构、细节等方面我们做了一些变化的处理，让款式内容更加丰富。

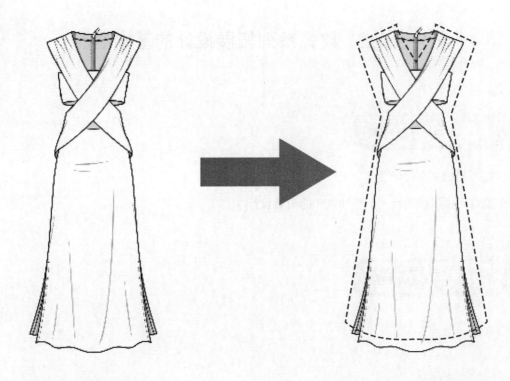

图7-2-1 基础拓展款式　　　　　　　　　　　　图7-2-2 归纳出廓形的基本特征

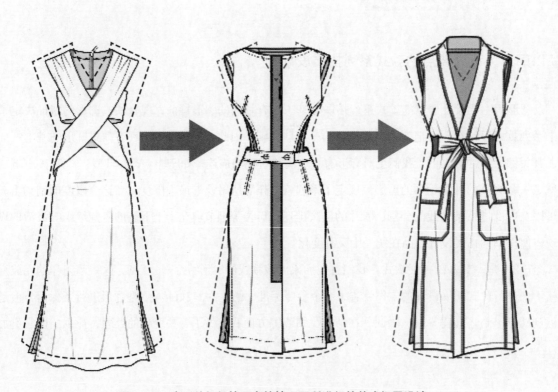

图7-2-3 廓形特征保持不变的情况下所进行的款式拓展设计

⊙ 以造型元素为要点的款式系列拓展设计

造型元素的基本组成单元就是点、线、面、体，这些元素在款式上具体表现为结构（线）、部件（领、袖、衣身、口袋等）、装饰（扣袢、绳带、纽扣、拉链等），款式之间通过这些造型元素的穿插、组合构成一种系列感的联系，可以是单一某一种元素的重复出现，也可以是几种元素交替出现在不同款式上，通过数量、大小、长短、前后、上下等关系的处理来营造丰富的视觉效果。

以造型元素为主要设计要点的款式系列拓展是基于现有款式本身的造型元素特征，现有款式造型的特征决定了接下来系列款式设计在造型元素的运用上需要具备的一致性原则。因此，敏锐、准确地找到现有款式造型的特征元素显得尤其关键。通常情况下，我们可以依次观察领子、袖子、衣身、装饰部件、边缘等款式重点区域，抓住最显眼、最强烈的特征元素，采用直接复制的方法便能使得拓展设计作品具有统一的系列感。

图7-2-4是一款基础拓展款式，我们不难发现该款式的造型元素特征——抽绳、不规则手帕式下摆边。图7-2-5便将这些造型元素直接运用到款式中，再加上一些变化的处理，系列感便得到了较好地呈现。

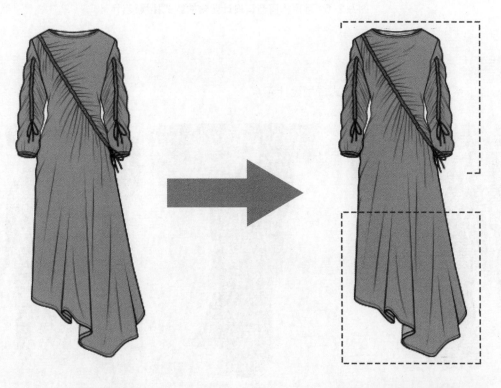

图7-2-4　基础拓展款式　　　　　　　　　图7-2-5　抽绳的造型元素（上）
不规则下摆的造型元素（下）

【系列设计范例】

图7-2-6　运用相同造型设计元素的款式拓展设计

【思考题】

　　请从以下系列设计中找出2种款式造型设计元素。

图7-2-7　相同造型设计元素运用的款式拓展设计

☺ 以材质设计元素为要点的款式系列拓展设计

材质设计元素是一个统称，包含我们通常所说的面辅料，除了面辅料以外，越来越多的现代服装开始应用一些非服用材料，如可水洗牛皮纸、杜邦纸、PVC、PTU、记忆金属丝等特殊"面料"。材质设计元素就是附加在材质上的组织结构、色彩印染、图案应用以及面料的整理和二次设计等相关设计手段。

以材质设计元素为主要设计要点的款式系列拓展是最容易营造系列感的实现手段之一。款式系列拓展中基于现有款式的材质设计元素特征，在接下来系列款式设计在材质元素的运用上需要具备一致性。材质设计元素的运用比较直接，不同款式填充相同材质便可营造款式间的系列感，相似或相近的材质设计元素也能达到同样的效果，譬如使用同类色、近似色面料，不同粗细、大小的条格纹面料，以及风格一致的图案印花等。

图7-2-8是一个以材质设计元素为要点的系列拓展款式，我们比较直观地看出该系列主要运用了两种特征鲜明的材质设计元素，一是皮草，二是带有金属质感的面料。虽然该系列在造型设计元素上不同，但由于其所使用的材质的强烈特征，因此整个作品的系列感依然十分突出。

【系列设计范例】

图7-2-8 相同材质设计元素——面料的款式拓展设计

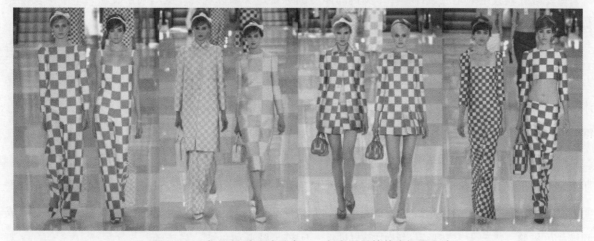

图7-2-9 相同材质设计元素——色彩运用的款式拓展设计

171

图7-2-10 相同材质设计元素——图案运用的款式拓展设计

【思考题】

请从以下系列设计中找出材质设计元素

图7-2-11 相同材质设计元素运用的款式拓展设计

😊 款式系列拓展设计的要点总结

想要做好款式系列拓展设计，一个关键的能力训练就是要学会观察，从基础拓展款式中准确发现其包含的各个方面的特征，若没有这个前提，则后面的设计拓展便有可能出现偏差。

从廓形到造型设计元素再到材质设计元素，这三个方面包含了服装款式设计的主要方面，通常情况下我们从其中任意一个方面出发都能较好地实现款式的系列拓展。这三个方面层层递进，从抽象到具体，从整体到局部，既可以单独约束款式拓展设计，也可以综合运用使所拓展的款式系列感更加丰富、饱满。

除了观察并准确找到拓展款式的特征外，运用是真正实现系列款式效果的重要环节。既然要运用，那么这些特征在具体到每一个拓展款式的运用上就要有一致性、连续性、变化性，不要随意运用，也不要过度运用，把握运用的度是需要不断训练积累起来的感性经验，没有既定的公式可套用，也没有现成的模式可借鉴，需要大家在学习过程中反复训练、比较、思考和总结。

学习活动3 命题式款式系列拓展设计

- 了解款式系列的基本设计要点
- 能够根据每一项要点进行一个系列款式的拓展设计

- 中职职业技能大赛国赛题库
- 电脑，Adobe Illustrator CS6或更高版本
- 高清款式图片若干（以最新国际时装流行资讯为主）

☺ 命题式款式系列拓展设计该从何处着手？

一、审题

命题式款式系列拓展设计需要最先把握的目标就是对题目进行充分的解读。下面以全国职业院校技能大赛电脑款式拓展设计真题为例进行深入剖析。

（1）题目

通常情况下，题目会用文字对款式系列拓展设计的重要信息进行描述，如图7-3-1，题目中两个关键信息得到了体现：①长款；②女衬衫。

虽然从题目（红色框）中我们得到的仅仅是款式信息，但是对于款式是宽松还是修身，有领或无领，有袖或无袖，长袖或短袖，明门襟或暗门襟，直摆或圆摆，长款所指是长度到大腿还是过膝，长及脚踝还是拖地，更多的细节信息需要通过相关的补充内容获取。

（2）关键信息描述区

这部分内容（蓝色框）往往是对题目尚未表达清楚的地方进行补充，也是命题者重点考查的关键内容。如图7-3-1，对材质设计元素进行了强调，指出了材质特点——怀旧补丁织物、印花图案、民俗的色彩和陈旧的颜色、补丁效果；还指出了造型设计元素——衬衣领、造型袖、直身结构、分割、饰边。

173

图7-3-1　2016年全国职业院校技能大赛时装电脑款式拓展设计样题一

基于以上两类关键的系列款式拓展内容的补充，我们脑海中能够对所要进行的款式拓展有了一个绘制边界的了解，加上题目信息的界定，我们基本上能够将款式图大体的感受给描绘出来，如图7-3-2。

（3）联想信息提示区

这部分内容（黄色框）主要是给设计师更多感性的视觉信息，在这部分内容中图形、色彩、符号以及同类款式的出现与关键信息描述区的内容基本一致，因此我们能够更加清晰地理解怀旧补丁织物是一种什么样的视觉特征，民俗和陈旧的色彩大致是一种怎样的色彩倾向，因此在接下来的款式拓展以及款式效果图的表现上就有了明确的参照。当然命题者在没有明确规定不能使用所给出的参考图例时，设计者是可以直接使用题目中给出的范例的。

二、明确款式基本构成特征

通过对题目中两个关键信息的掌握，我们能够确定款式的基本特征，结合关键信息描述区中对款式的补充要求，我们整合后将其进行大致的描绘如图7-3-2。

三、推敲款式廓形及造型设计元素

通过上一步，我们有了一个基本的款式"坯样"，接下来对这个"坯样"进行优化之前需要再次回顾一下题目以及关键补充信息，认真地审视各方面是否都充分满足要求，尤其需要注意的是一些模棱两可的地方，如衬衫领。

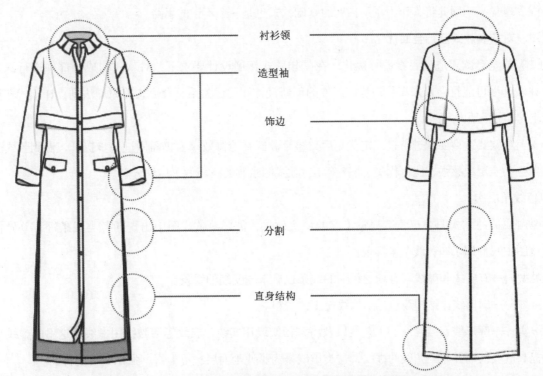

衬衫领

造型袖

饰边

分割

直身结构

图7-3-2　2016年全国职业院校技能大赛时装电脑款式拓展设计范例

图7-3-3　衬衫领领型比较

　　款式设计要求是衬衫领，但是具体选用哪一种衬衫领则需要设计师做出决策。通常情况下我们选择大众最熟悉或约定俗成的较为稳妥。因此图7-3-3中三款造型各异的衬衫领都是符合设计要求的，但是这三款领型中翻领与题目契合度最高,也最不容易受到质疑。若设计要求是创意衬衫领，那么其他两款则比翻领更适合。

　　另外，考题中联想信息提示区中出现的款式也是一个重点推敲的对象，它的出现弥补了文字描述的不足，让设计要求体现得更直观。而且该款式中出现的一些设计元素使得拓展设计更加具体，往往和题目匹配度也更高，因此将其作为系列拓展的基础款式也是一个不错的思路。

四、对拓展款式进行全面优化

（1）首先对款式造型要素进行优化，在紧扣款式拓展设计要求下，对款式构成各部件进行深入刻画，并做到尽可能符合未来流行趋势，部件的创新设计和比例关系符合形式美原理法则，让款式在视觉感受上尽可能突出时尚感。

（2）对款式造型要素进行过一定优化后，整个款式在绘制效果上仍需做进一步提升，做到款式图绘制效果生动、层次感强、比例优美。图7-3-5对款式图绘制的技巧做了详细分解。

①线条层次

黑白线稿的款式图要想营造视觉丰富的层次效果，需要对款式图中出现的各类线条进行差异化处理，该图中我们用了四种线条来实现。

类型——有实线和虚线，有均匀粗细的线条也有末端变细的线条。

粗细——廓形线比结构线粗，结构线比工艺线粗。

虚实——廓形线、结构线、工艺线以及特殊褶皱线用实线，衣纹等褶皱线用虚线，这里的虚线是指明度提高的实线而并非工艺线的虚线，这类虚线是为了使画面层次更丰富，强化面料的特征。

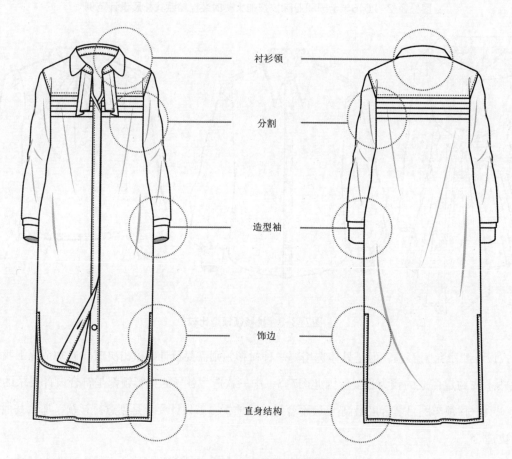

衬衫领

分割

造型袖

饰边

直身结构

图7-3-4 款式拓展设计优化

176

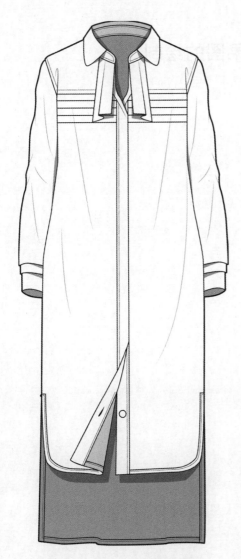

图7-3-5 款式图线稿绘制技巧

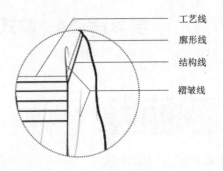

工艺线
廓形线
结构线
褶皱线

② 块面层次

黑白线稿的款式图除了用线的不同类型、粗细、虚实来营造层次丰富的视觉效果外，还可以通过不同块面的组织、穿插来进一步强化款式图的视觉层次，营造立体感强的视觉效果。该图我们使用了内外块面和阴影块面两种方法来实现。

内外层次——内外层次主要是拉开前后片的关系，通过灰色的填充使得处于后部的部位有往后退的视觉效果，如领口、袖口、下摆等部位，当内外层次被拉开，款式图的前后关系就被强化了。

阴影层次——阴影层次主要是对款式中有前后关系的部位进行强调，通过使用具有不透明度的灰色阴影进一步增强了部位、部件之间的前后叠加关系，使得原本容易混淆的线条变得层次更加明确，部件更加凸显，整体立体感更加突出，如图7-3-5中领口领底、下摆、门襟等部位。

内外层次

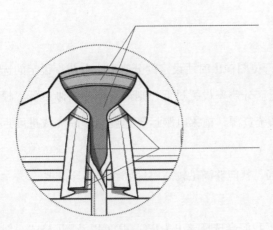

阴影层次

图7-3-6 块面层次

177

学习活动4 款式效果图的绘制

学习目标

- 了解款式效果图绘制的基本要点
- 掌握款式效果图绘制的基本流程和步骤

学习准备

- 完成好的款式图，导出位图格式（JPG、PNG、PSD）
- 电脑，Adobe Photoshop CS6或更高版本
- 高清面料材质图片若干（JPG格式，分辨率不低于150dpi）

学习过程

😊 款式效果图绘制的基本步骤

一、矢量图向位图的导出

紧接着款式图绘制的完成并存储，款式效果图绘制也从款式图的位图输出开始展开。得到一个完整、清晰的款式图位图图像是后面工作的决定性步骤。

（1）导出图像分辨率的设定

作品质量高低区别的决定因素之一是矢量款式图进行位图输出时所设定的分辨率。分辨率设定的选择直接关系到最后作品完成的效果以及作品的打印质量。分辨率设置过低，则最终作品清晰度低、模糊，打印效果差；分辨率设置过高，则占用大量电脑系统资源，拖累电脑运算速度，作品完成进度迟缓。

通常情况下我们选择导出分辨率设置在120dpi~150dpi，就能够满足较高质量A3纸张打印的要求。

（2）导出图像文件格式的设定

选择导出哪种类型的位图格式也有讲究，通常情况下我们会选择导出为JPG、PNG以及PSD格式。但为了后期图形处理的便捷，PNG会较JPG和PSD更方便，因为PNG格式可以将款式图的背景处理成透明效果，如图7-4-1所示。

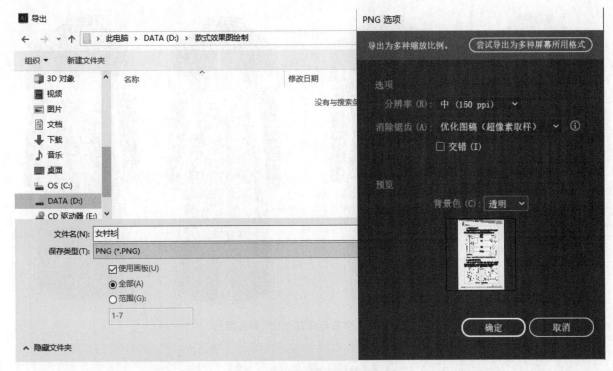

图7-4-1 款式图位图输出格式

二、材质的绘制与填充

（1）色彩的绘制与填充

这里分两种情况对待。①如果设计要求仅需要表现单色效果，则对款式图进行颜色填充即可；②如果设计要求色彩要有丰富的变化如晕染、渐变、褪色等效果，则需要对填充的色彩做单独的绘制。如图7-4-2中所示的两种色彩绘制情况和效果，该部分内容将单独作为一个课程训练在学习活动5中讲解。

（2）面料的绘制与填充

面料需要单独进行绘制，等整块面料或面料小样绘制完成后再进行款式图填充。面料的绘制需要对面料的组织结构（如梭织或针织、皮革或皮草等）、表面肌理效果（粗糙或光滑、透明或镂空等）、量感（轻薄或厚重、平整或有填充物等）视觉特征进行必要的表现，如图7-4-3所示。该部分内容将单独作为一个课程训练在学习活动6中详细讲解。

（3）图案的绘制与填充

图案的绘制往往跟材质结合在一起进行，但是又有其特殊性。一方面，同一款图案可以用在不同的材质上；另一方面，服装上还有一些特殊的图案处理方式，如刺绣、印花、钉珠、贴布等。因此，图案的绘制跟材质的绘制有时紧密不可分割，有时又单独出现。就其特殊性而言，该部分也将单独作为一个课程训练在学习活动7中详细讲解。如图7-4-4，展示了图案在不同材质上的运用效果。

（4）辅料、饰物的绘制

辅料、饰物的绘制在款式效果图的绘制过程中需要注意不要喧宾夺主，它们的出现往往是服装款式设计的需要，充当装饰元素的角色，如图7-4-5。当设计要求不对此做特殊强调的时候，辅料、饰物可

179

图7-4-2　单色与渐变色的绘制与填充

图7-4-3　材质的绘制与填充

以简单处理。如拉链可以用一根粗线来表示，但是拉链头却需要表现出来，否则将看不出拉链的特征。平时训练的时候，可以针对几类常用的辅料、饰物进行临摹绘制，如皮带、织带、花边、拉链、纽扣、气眼、蝴蝶结等，争取能用最快捷的方式或最少的步骤将其表现出来（图7-4-5）。

　　三、综合绘制与调整

　　款式效果图的绘制是各环节逐步丰富、逐步完整的过程，服装款式的部件在绘制过程中可以因为整体效果的需要随机做出改变或调整。款式效果图绘制中，既要有色彩的填充，又有面料图案的填充；既有图案平铺所形成整齐效果，又有图案因为部件变形所形成的转折与错位；还要有辅料、饰物的参与，最终目的是为了让款式效果在视觉上尽可能逼近真实，弱化计算机处理单调、呆板的弊端。

180

图7-4-4 图案的绘制与填充

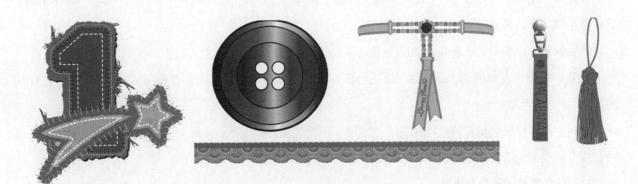

图7-4-5 辅料的绘制与填充

学习活动5　款式效果图的色彩绘制与填充

学习目标

● 了服装色彩搭配的基本规律与要点

● 掌握款式效果图色彩绘制与填充的方法

学习准备

● 完成好的款式图，导出位图格式（JPG、PNG、PSD）

● 电脑，Adobe Photoshop CS6或更高版本

● 高清面料材质图片若干（JPG格式，分辨率不低于150dpi）

学习过程

😀 款式效果图的单色绘制与填充

一、单一色彩的绘制与填充

首先建立整个款式的选区，可使用魔棒工具选中款式图的外部空白区域，然后反选（ctrl + shift + I），这样整个款式的选区就得到了。

然后新建一个图层，在新建的图层上填充你想要的颜色，这样整件款式的内部区域都被填充上了单一的色彩。接下来再对填充上颜色的图层进行图层效果的选择，选择"正片叠底"，得到的填色效果如图7-5-1第二图所示。

做到这一步仅仅只是将颜色填充进了款式图，但看起来感觉很平面，缺乏立体感，色彩表现不够生动。接下来我们仍需要对整个款式在色彩层次变化上做深入刻画，如图7-5-1第三图所示。

二、单色拼接的绘制与填充

单色拼接绘制在款式效果图的绘制中经常遇到，绘制方式和单一色彩的绘制方法一致，略有不同的是在填充拼接色彩时需要分开对需要填充不同色彩的区域进行分别填充，并尽量不要在同一图层中填充多个颜色，将不同色彩分别在不同图层中进行填充以方便后期调整或更改，如图7-5-2中的第二图。

整个款式效果图的立体效果可在所有颜色填充完成后进行统一绘制，如图7-5-2中的第三图。

图7-5-1 款式效果图的单色绘制与填充

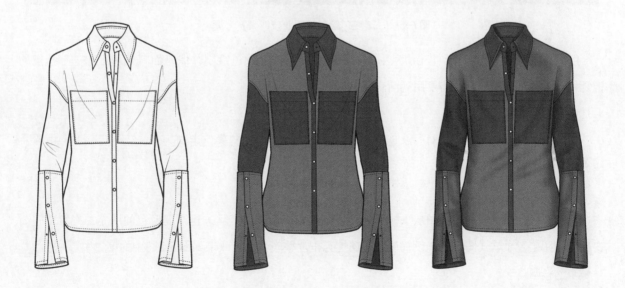

图7-5-2 款式效果图的单色拼接绘制与填充

款式效果图的多色绘制与填充

一、渐变色彩的绘制

渐变色彩的特征是色彩间的相互渗透和融合，要表现好色彩的渐变效果需要对两种或多种颜色的渐变在款式中的位置做到心中有数，另外还需要对做好的渐变颜色进行适当的滤镜效果处理，以增强色彩运用在款式上的真实感。

《2018年全国职业院校技能大赛中职组"服装设计与制作"赛项实操试题库》
女时装电脑款式拓展设计参考题

图7-5-3　渐变色绘制的职业技能大赛考题

以图7-5-3为例，题目及补充信息中虽没有明确使用渐变颜色绘制，但是面料处理工艺——扎染的视觉特征已经从侧面明确了需要用到渐变色的绘制方法。

1. 设定渐变颜色

我们以三色渐变为案例，对一款连衣裙进行绘制，设定渐变的颜色走向为：深蓝—青—白，由深及浅进行颜色的渐变。

2. 色彩填充

新建一个图层，在新建的图层上使用设定好的色彩，用渐变工具进行渐变颜色的填充，将填充完渐变颜色的图层置于款式图上部，设置该图层属性为正片叠底，完成效果如图7-5-5中的第二图。

3. 色彩调整

填充完渐变色后建议对款式图区域内的颜色进行观察，反复多填充几次，比较填充渐变色后的效果

图7-5-4　扎染效果的渐变色服装作品案例

在款式图上出现的面积大小、颜色对款式细节的表现等是否符合设计初衷；也可以将填充好的渐变色图层进行移动，在款式图上观察，看色彩出现在款式图上的位置，尽量摆放到自己认可为止。

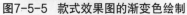

图7-5-5　款式效果图的渐变色绘制

　　注意：接下来将款式图周围不需要的颜色删除，仅保留款式图内部区域的颜色，进行完这一步操作后，颜色的填充就算完成了，此时再想对颜色的位置进行调整将带来较多的麻烦，相当于又重新做了一次色彩填充，所以，在删除周围不需要的色彩前一定要考虑清楚后再完成这一步。

4.立体效果的绘制

立体效果的丰富也需要整体进行绘制，适当提亮亮部区域以及加深阴影区域会使立体感更加突出，我们填充好的颜色相当于中间固有色调，亮部和暗部的分别对待使得整个款式效果的立体层次更加丰富。这里主要用到的工具就是画笔与橡皮擦的结合使用。

二、多色彩调和的渐变色绘制

如图7-5-6所示，该考题指出了色彩绘制的视觉特征，关键词手工印染、随机图像、扭曲与变形、墨流的拉伸都明确指向非单一色彩绘制，甚至还有图形图像的参与。因此我们判断，首先需对色彩变化效果进行绘制，等绘制完成后将绘制好的色彩效果填充到款式图中。

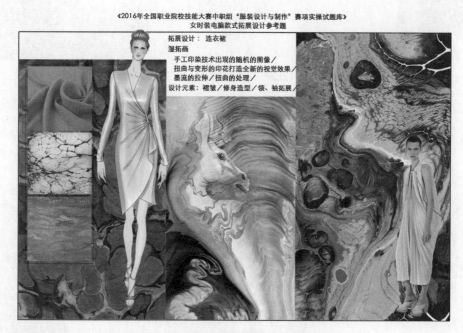

图7-5-6　调和色绘制的职业技能大赛考题

1.色彩调和的绘制

如图7-5-7所示，找一张色彩感觉符合题目要求的图片（第一图）；选择图片中的一列像素，接着使用自由变化工具（Ctrl＋T），将选择的像素向两边拉伸（第二图）；再使用滤镜中的扭曲—波浪，对参数进行调整，观察缩略窗中色彩变化的效果，反复几次直到色彩调和的效果符合要求（第三图）。

2.绘制款式图的立体效果

如图7-5-8所示，先对款式图进行立体效果的表现（第一图）。

3.色彩填充

如图7-5-8所示，将绘制好的色彩图层覆盖在绘制好的款式图上（第二图），设置图层属性为正片叠底，观察色彩填充的区域，移动并调整位置直到符合要求。

4.调整并修饰

将款式图周围不需要的色彩删除，并强调款式图的暗部，增强立体效果（第三图）。

图7-5-7 多色彩调和的渐变色绘制步骤

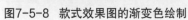

图7-5-8 款式效果图的渐变色绘制

学习活动6　款式效果图的面料绘制与填充

学习目标

- 了解不同种类服装面料的基本特点
- 掌握款式效果图绘制中几类常规图案绘制与填充的方法

学习准备

- 完成好的款式图，导出位图格式（JPG、PNG、PSD）
- 电脑，Adobe Photoshop CS6或更高版本
- 高清面料材质图片若干（JPG格式，分辨率不低于150dpi）

学习过程

😊 面料视觉特征的感性认识

款式效果图绘制中非常重要的一个表现内容是对面料进行绘制，在绘制前，我们对常规的面料在视觉上的特点进行归纳，之后将对几种常用面料的绘制方法与步骤进行详解。

几类常规的面料视觉特征分析如下。

1. 梭织面料

梭织面料是面料中最常见的品类之一，分为平纹、斜纹、提花、绞花等不同的组织结构，常规用得比较多的也是需要重点掌握的就是平纹和斜纹的表现。如图7-6-1为普通平纹面料，其特点是经纬线容易辨识，横、纵向线条的交织就能表现出平纹面料的视觉特征。

斜纹面料在视觉感观上容易辨认出面料上有连续的斜线条，牛仔面料就是最常规的一种斜纹面料，除此之外还有风衣面料、工装面料等，如图7-6-2所示。

2. 针织面料

针织面料在我们的服装材料中占据非常重要的位置，大多数运动装以针织面料为主。针织是一种编织工艺，主要分为经编和纬编，大多数针织面料采用的是纬编工艺，如我们常见的T恤衫、内衣等，而经编织物相对较少，多见于蕾丝、花边等，如图7-6-3所示。

图7-6-1 普通平纹面料

图7-6-2 普通斜纹面料

图7-6-3 普通针织面料

3.雪纺、纱等半透明面料

虽然雪纺、欧根纱等材质绝大多数都是平纹梭织面料，但是在视觉感官上具有轻薄、通透的特点，而且在服装设计中经常被采用，故有必要单独对其进行讲解。归纳它们的视觉特点就是——透，自身的叠加以及与其他材质的叠加会产生半透明的层次感，如图7-6-4所示。

4.皮革

皮革不属于纤维材料，其具有较明显的自然光泽、厚重感以及天然纹理，尤其皮革的纹理是辨认这类材质最关键的特征，如图7-6-5所示。

图7-6-4 雪纺、欧根纱、乔其纱

图7-6-5 马皮、牛皮、鳄鱼皮

5.皮草

皮草其实是皮革带有动物毛发的部分，毛发的长短、多寡、色泽、蓬松程度是辨别皮草的重要视觉特征，比较常见的如羊羔毛、兔毛、狐狸毛、貂毛、獭兔毛等，如图7-6-6所示。

图7-6-6 羊羔毛、水貂毛、狐狸毛

6.毛呢、粗花呢

毛呢、粗花呢是常见的平纹织物，由于其在秋冬装的高使用频率，且全国职业技能大赛上遇到外套类考题的高概率，在这里需单独进行讲解，鉴于呢料纱线较粗的特点，我们在绘制上要抓住其软、绒、粗的视觉特征，如图7-6-7所示。

图7-6-7 毛呢、粗花呢

7. 真丝、锦缎类

这类面料在视觉感受上最大的特点就是强烈的光泽感，而这种光泽感只有当面料在悬垂、包裹的时候，在褶皱处才能得到体现，如图7-6-8所示。

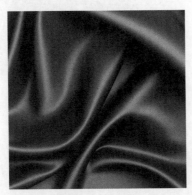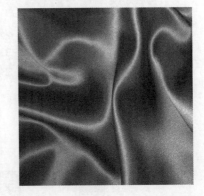

图7-6-8 绸缎

😊 款式效果图的面料绘制

几类常规面料的绘制与款式效果图填充详解如下。

1. 平纹棉、麻面料

首先，新建一个10 cm x 10 cm文件，分辨率100dpi，新建图层填入颜色并添加滤镜—杂色—添加杂色（单色），如图7-6-9中第一图；然后给添加好杂色的图层增加滤镜—模糊—动感模糊，拉大参数直到图层中有比较明显的线条出现；接下来复制该图层并旋转 90°，设置图层属性为正片叠底，得到如图7-6-9中第二图；最后将面料填充进款式图内部，得到如图7-6-9中第三图的款式效果图。

2. 斜纹牛仔面料

首先，新建一个24 pix x 24 pix文件，分辨率150dpi，背景色为透明，沿对角线用铅笔工具画出如图7-6-10第一图所示，并将其进行编辑—定义图案；再新建一个10 cm x 10 cm文件，分辨率150dpi，新建图层填入颜色，再新建图层进行编辑—填充—填充图案—选择上一步完成的自定义图案—填充得到如图7-6-10中第二图；然后给填充好图案的图层增加滤镜—模糊—动感模糊（45°），双击该图层调出图层效果，施加阴影，这样一个斜纹面料的小样就完成了；然后将完成后的小样填充到款式图中，绘制款式的立体效果直至达到满意的效果，如图7-6-10中第三图所示。

191

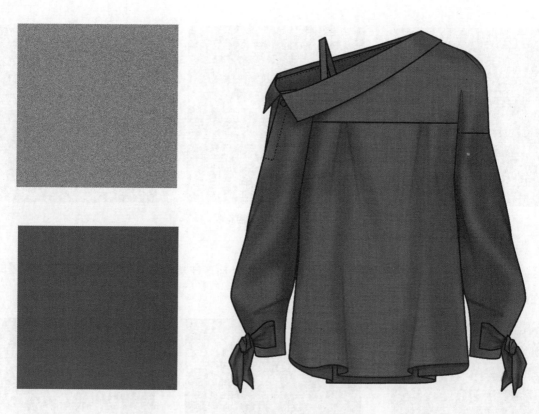

图7-6-9 平纹面料的绘制与填充

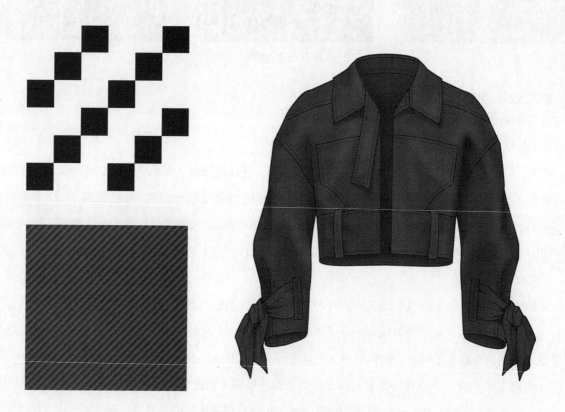

图7-6-10 斜纹面料的绘制与填充

3. 针织面料

首先，新建一个100 pix x 100 pix文件，分辨率150dpi，背景色为透明，用钢笔工具画出一个斜45°的椭圆形，使用渐变工具填充两端深色中间浅色，再对其进行对称复制，不断复制这一组完成好的图形如图7-6-11第一图所示，并将其进行编辑—定义图案；然后新建一个10 cm x 10 cm文件，分辨率150dpi，新建图层填入颜色并添加滤镜—杂色—添加杂色（单色），再新建一个图层对其进行图案填充（选择自定义的图案），设置图层属性为正片叠底，这样针织面料小样就完成好了（第二图）；然后将完成后的小样填充到款式图中，绘制款式的立体效果直至达到满意的效果（第三图）。

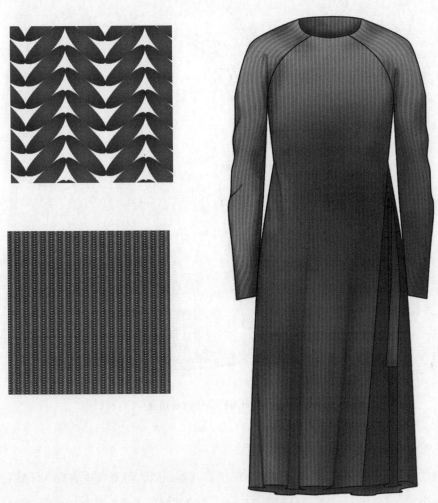

图7-6-11　针织面料的绘制与填充

4. 雪纺、纱等半透明面料

雪纺、纱等半透明面料在面料小样的绘制上没有具体的特征，更多的是在款式效果图的表现上体现其材料特点，将面料层次的叠加带来的色彩深浅变化表达出来。如图7-6-12中，服装款式特意制造了层次堆叠的下摆以及衣身上丰富的褶皱。半透明的面料效果在绘制过程中注意两点：一是画笔的不透明度，图7-6-12主要使用了第一块颜色来给款式图上色，画笔设定50%不透明度后颜色如第二块颜色，先进行铺底，再于阴影部位反复多次使用画笔绘制，以此得到效果就是不透明度叠加后的画笔效果。面料层叠多的地方多画，面料无叠加的地方少画或不画，最后材质效果通过画笔效果来实现；二是适当描绘透过面料还能隐约看到的部分服装部件，如下图中袖口被衣身遮掉的一部分，当这部分细节被表现出来以后，面料的透明效果会更加强烈。

100% 不透明度

50% 不透明度

图7-6-12 半透明面料的绘制与填充

5.毛呢、粗花呢面料

毛呢、粗花呢的面料绘制与平纹棉麻面料的绘制步骤基本一致，但要着重表现其纤维较粗的粗糙感。首先，新建一个10 cm x 10 cm文件，分辨率100dpi，新建图层填入颜色并添加滤镜—杂色—添加杂色（单色），然后给添加好杂色的图层增加滤镜—模糊—动感模糊（水平方向），拉大参数直到图层中有比较明显的线条出现；接下来复制该图层并旋转90°，设置图层属性为差值，得到如图7-6-13中第一图效果，其左边1/2为动感模糊后的效果，右边1/2为复制图层旋转后做的差值叠加效果。

其次，截选其中的一小块区域，复制到款式效果图上并将其拉大，拉大到能看到比较明显（较粗）的线条为准，如图7-6-13中第二块面料小样所示；然后填充到款式效果图中，适当拉开款式效果图的明暗对比，进行款式的立体感塑造（第三图）。

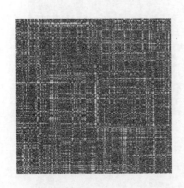

图7-6-13 毛呢、粗花呢面料的绘制与填充

6. 真丝、缎类面料

首先，真丝等光滑质感的面料绘制需要确保款式图中有褶皱出现，一来是能更好地表现丝绸等材质的垂感、顺挺等特点，二来是通过褶皱表现面料的高反光和高明暗对比的特征。

其次，在款式效果图绘制的过程中主要使用三种色调的画笔，一是暗部的深色画笔，二是面料本身固有色的画笔，三是高光部位的浅色画笔。三种画笔的交替使用先将款式效果的大体感受表达出来，如图7-6-14中左下角的效果图。

最后，通过使用图层效果，双击绘制完成款式效果图层—选择"光泽"效果—调出光泽的相关参数选项，如图7-6-14中上图所示，逐一对混合模式、色彩、不透明度、角度、距离大小阈值、等高线等选项进行调整。关键在于等高线的选取和角度的调整这两点上，这两点把握住了，整个面料的质感便能够较好地表达出来。

195

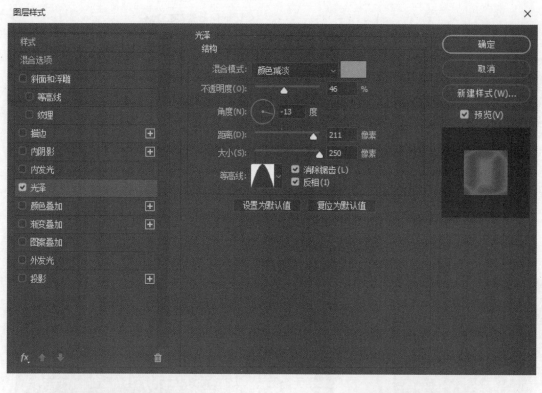

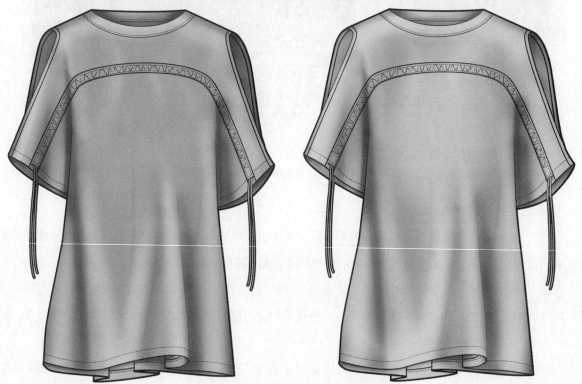

图7-6-14 丝绸等光滑面料的绘制与填充

　　完成上述这些内容的绘制与调整的同时观察款式效果图的变化，直到符合面料特征为止，最终得到如图7-6-14中右下角的款式效果。

款式效果图中面料绘制的注意事项

　　款式效果图中面料的绘制是实现款式特征重要的方面，能够为款式效果图增色，让款式看起来更加自然和真实，能够直观地感受到成衣最终的呈现效果。其绘制表现往往受到初学者或专业学生的忽视，认为单纯靠自己绘制面料既花时间又不见得能表现得满意，于是更多地依赖于面料素材。虽然借助面料高质量素材的帮助能够提高绘制款式效果图的品质，但是面对全国职业院校技能大赛的高水平角逐，考场上不允许使用素材的情况下，能够快速、准确地表达面料效果往往能反映出学生的真实水平，因此这是项不容忽视或打折扣的基本功训练。

　　面料绘制中，我们往往能通过不算复杂的若干步骤表达面料特征，但是绘制完成的面料小样在填充过程中需要注意，是使用整块小样进行填充还是将小样通过复制拼接成大块面料后再进行填充是有区别的。往往有些款式效果图填充完面料后感觉哪里不对，其实是对面料本身纤维粗细在款式图上应有的真实比例把握失真导致的，就像同为平纹织物的普通棉麻（图7-6-9）和毛呢（图7-6-13），其纤维肯定一个细、一个粗，若在填充时不注意，则面料特征就会大打折扣。

　　另外，像雪纺、纱等半透明面料以及真丝、缎等光滑面料，无法简单地一步到位实现面料特征的表现，更多地是需要借助画笔绘制的方法去实现。本节中所有款式效果图的绘制均由鼠标绘制完成，若借助手绘板表现可能会表现得更加出彩，但是在没有手绘板辅助的条件下鼠标绘制也是能较好地实现的。因此，对画笔的掌控需要长期训练和积累，不光用在面料表现上，款式效果图的立体感表现也少不了会用到。所以面料在款式效果图表现上，填充只是基础，绘制才是关键。

学习活动 7 款式效果图的图案、纹样填充

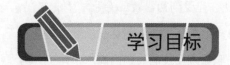

- 了解不同风格服装图案的基本特点
- 掌握款式效果图几类常规图案的绘制与填充方法

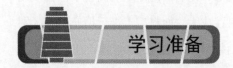

- 完成好的款式图，导出位图格式（JPG、PNG、PSD）
- 电脑，Adobe Photoshop CS6或更高版本
- 高清面料材质图片若干（JPG格式，分辨率不低于150dpi）

😊 连续纹样图案的绘制与纹样填充

一、连续纹样图案的绘制

首先，新建一个文件，大小和分辨率以款式效果图为准，直接在款式图上绘制△形，重新组合之后得到效果如图7-7-1所示。

然后基础图案元素完成后用复制的方式，点击鼠标左键同时按住Alt拖住单图案元素复制图案元素如图7-7-2第二图、第三图所示。连续纹样图案的形成是要有规律的，可以选择多种连续手法，如平行重复、砖型错位、位置间隔排序等手法，可取得较丰富的变化效果，如图7-7-2所示。

二、款式效果图连续纹样图案的填充

图案绘制完成后，就可以对款式图进行填充了。首先，建立整个款式的选区，使用魔棒工具选中款式图的外部空白区域，然后再纹样图案图层反选（ctrl+shift+I),这样整个选区就得到了，如图7-7-3所示。

😊 单独纹样图案的绘制与纹样填充

一、单独纹样图案的绘制

单独纹样图案在服装中是比较常见的图案类型之一，其自由、多样、不受约束的风格往往受到设计

 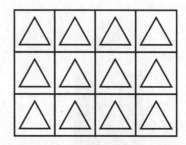

图7-7-1　连续纹样图案绘制过程案例

图7-7-2　连续纹样图案重复、斜置、位置间隔案例

图7-7-3　连续纹样图案款式填充案例

师亲睐。首先，我们先设定图层背景色，选择多边形或钢笔工具来绘制一个自由组合的几何图形，逐一对这些图形的颜色进行填充，组合后再调整大小和位置，然后复制、旋转、排列图案，如图7-7-5所示。单独纹样图案的形成可以运用平移、旋转、对称等手法来实现丰富的变化效果，也可自由组合，总之在图案的调整过程中没有约束、自由发挥，如图7-7-6所示。

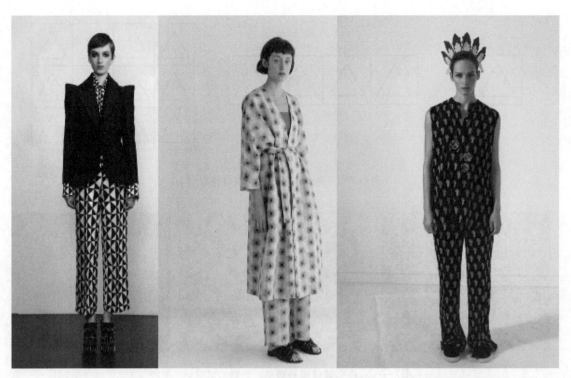

图7-7-4　连续纹样图案服装案例

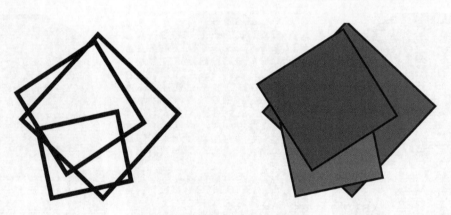

图7-7-5　单独纹样图案绘制过程

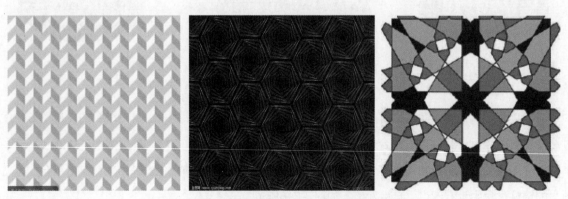

图7-7-6　单独纹样图案平移、旋转、对称案例

二、款式效果图单独纹样图案填充

款式图单独纹样图案的填充与连续纹样图案的填充在步骤上大致是一样的。将绘制好的单独纹样摆放在款式图上进行观察，调整其大小与位置，直到自己满意为止，将款式图外部露出来的多余团部分删除即完成了图案的填充。单独纹样的图案填充要比连续纹样填充自由得多，如图7-7-7所示。

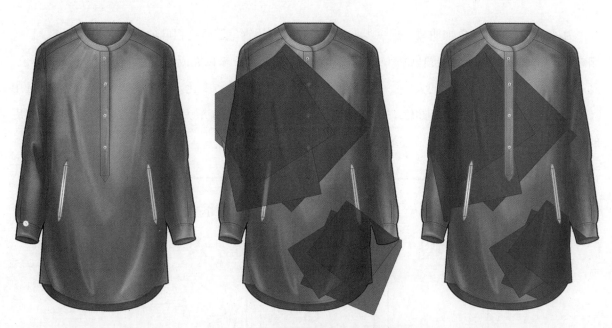

图7-7-7 单独纹样图案款式填充案例

图7-7-8 单独纹样图案服装案例

201

自由纹样图案的绘制与纹样填充

一、自由纹样图案的绘制

首先，画出一个单独纹样，用钢笔勾出如树叶的图案结构，可以多片组合，多片形状方向确定完成后用魔棒工具点击需要上色的叶片，逐一对各个叶片进行颜色的填充，颜色填充完成后将各个叶片进行合并。

为了让叶子的特征更加明显，进一步丰富细节，我们用钢笔工具把树叶的叶茎形状抠出来，再按删除键（Delete）删掉多余的颜色。如图7-7-9第一图所示。接下来以完成好的这一组叶子图案为单位，复制多个，并对每一组叶子的大小、色彩、角度、相对位置等进行变化。以选择调整大小为例，选中（Ctrl+T）需要变换的一组叶子图案，按住鼠标左键拖动调节箭头来调节大小、方向等，反复观察调整后的效果，直至满意为止，如图7-7-9第三图所示。

图7-7-9　自由纹样图案绘制案例

二、自由纹样图案的款式效果图填充

首先我们先确定需要填充的区域，若需要整体填充，则选择整个款式进行面料填充即可；若是局部填充，选中局部填充区域，回到图案图层，反选（Ctrl+-Shift+I）即可，如图7-7-10所示。

图7-7-10　自由纹样图案款式填充案例

202

图7-7-11 自由纹样图案服装案例

适合纹样图案的绘制与纹样填充

一、适合纹样的绘制

适合纹样描绘的区域，在服装上可以是服装的某一个部件或特殊裁片，如领子、克夫、衣片分割等。图7-7-12适合纹样的绘制中，可以看出适合纹样填充的区域是由两个大小相同的矩形组合而成，在这个叠加后形成的造型内（黑色边框部分）用钢笔工具把适合这个边框范围的图案绘制出来，如图7-7-12第一图所示。像案例中这种对称式的图案我们往往只需要绘制其中的一个单元，然后通过复制、对称的方式排列即可，绘制完成后填充图案颜色如图7-7-12第二图所示。

图7-7-12 适合纹样图案绘制案例

二、适合纹样图案的款式效果图填充

适合纹样图案款式的填充是要根据自己设定好的图案填充区域来设计，分单元以组合的形式排列并适合填充区，如图7-7-13所示。

图7-7-13 适合纹样图案绘制案例

图7-7-14 适合纹样图案服装案例

◉ 款式效果图中图案绘制的注意事项

一件简单的服装款式，可能因为一个漂亮的图案而增色不少。往年全国职业院校技能大赛对服装图案的绘制均提出了较高要求，说明图案绘制技巧作为服装设计的表现工具越来越凸显其重要性。但是很多初学者或专业设计师对图案基本构成原理，图案的艺术表现方法重视程度不够，过多地依赖现成的图案素材，原创性和艺术性被不断削弱。本节通过关键几类纹样图案设计的原理进行详解，希望大家能够举一反三，灵活运用并能做到可以多种类型随意组合。

纹样图案绘制中图案在款式上出现的位置、比例、色彩是整体效果保证的关键，所以同一款图案不同的人来填充往往会有不同的效果。但整体协调是基本原则，填充图案时一定要对款式效果进行反复比较和观察，不要抱着只要填充好了就行的态度，要反复进行尝试，多次调整以达到最令人满意的效果为止。

另外，图案纹样填充还需要对服装款式部件进行区别对待，不能简单化处理成一个图案填一整件款式，这样填充出来的款式效果会显得平、呆板且不真实，而要分部件分别填充，同时还要做到适当错位以模拟真实服装图案呈现的效果。

学习活动 8 款式效果图的整体效果调整

学习目标

● 掌握款式效果图整体调整的基本方法

● 掌握职业技能大赛作品格式及整体布局的调整方法

学习准备

● 完成好的款式图，导出位图格式（JPG、PNG、PSD）

● 电脑，Adobe Photoshop CS6或更高版本

● 高清面料材质图片若干（JPG格式，分辨率不低于150dpi）

学习过程

款式效果图的整体调整

一、色彩及面料的整体调整

首先将绘制好的款式效果图整体进行图层的拼合，使其最终只有一个图层；然后选择菜单图像—调整—色相/饱和度，对色相、饱和度、明度进行调整，直至符合要求，如图7-8-1中第二图所示。

也可以在色相/饱和度菜单中选择不同颜色，如红色、蓝色、黄色等单独进行调整。除此之外，其他调整方法也值得尝试。这里推荐使用HDR色调进行整体调整。操作步骤如下：选择图像菜单—调整—HDR色调，对相关参数的阈值进行调整。比较调整后的效果，如图7-8-1中的第三图，是对边缘光、色调和细节参数进行调整后的效果。

二、款式效果的整体美化

当款式效果图的各个方面都绘制妥当，已不需要再做任何更改，如图7-8-2第一图的效果，就可以对款式图做一个层次的阴影或投影效果，来强调和衬托款式效果图。

具体的操作方法：建立整个服装款式图的选区，可以选择款式图外部空白区域，然后反选；新建一个图层在选区内填入50%黑色，然后取消选区；使用滤镜—模糊—高斯模糊，调整参数并观察模糊的效果，以边缘有隐约模糊效果为准；将模糊后的图层置于款式图底部，移动并调整位置，直到阴影效果的位置放置到合适的位置，如图7-8-2的第二图效果。

图7-8-1　颜色及面料整体调整

图7-8-2　款式效果图的整体修饰——增加阴影

🙂 款式系列拓展设计大赛的画面布局与整体效果调整

一、款式效果的画面整体布局的通病

当款式效果图正、背面以及款式图线稿都已完成绘制并经过整体调整后，将绘制完成的效果图放置在参赛稿的画面上也是值得注意的地方。我们首先看看以下案例中有哪些地方存在不足。

图7-8-4中，我们最先发现卷面中仅有款式效果图，而线稿款式图缺失了，这是其一；其二，款式效果图显得较平，立体感不强，加上整体色彩感觉偏素雅导致整个画面比较沉不住；其三，面料小样以

207

拓展设计：连衣裙
设计元素：时尚领、袖结构/直身结构/褶裥造型/蕾丝元素
合·意境——典雅古风屏
细腻的图案肌理/古典饱和的色彩／精致的细节／古色古香的构图形式
生动的动物形象／精致的花卉造型

图7-8-3　2017年全国职业技能大赛样题

及色块的摆放有点随意，斜向及错位放置使得视觉焦点始终在面料小样和色块上，对款式效果图的聚焦度不够。

图7-8-5中，所要求的内容都没有缺失，完整度较高，但是款式效果图及线稿的布局不合适，空间拉开太大，分散了注意力；面料小样的绘图区域的空间利用太过拥挤，造成了视觉的"拥堵"。因为主绘图区域款式效果图的分散，又结合面料绘制区的过分饱满，整个画面形成了"头轻脚重"的视觉感受，再加上面料小样绘制的"杂乱"，整体算不上一张优秀的作品。

二、款式效果图画面布局需要注意的地方

通常情况下，整个卷面布局呈左右分割，画面左侧约整个画面1/5的区域用来放置题目信息等内容，基本上都是固定的；剩下的画面呈上下式布局形式，上部为款式图及款式效果图的绘制区域，下部为面料小样及色彩提取表现的绘制区域，两者约成3∶1的面积比。

我们能进行自由发挥的空间就在上下两个绘制区上，由于面料小样加上色彩提取基本上锁定了表现的方式，那么能够进行自由调整的就只剩下款式图和款式效果图的位置摆放了。为了让视线更加集中在主要表现内容上，我们需要先行确定款式效果图的大小，然后再使用款式图线稿对画面进行补充和平衡。图7-8-6习作表现得比较好，这张习作给出了像直身连衣裙这一类款式在画面布局上可以采用"宜静、宜动"的方式。"静"是指正背面款式图及款式效果图呈均匀排布，为了突出款式效果图，可适当

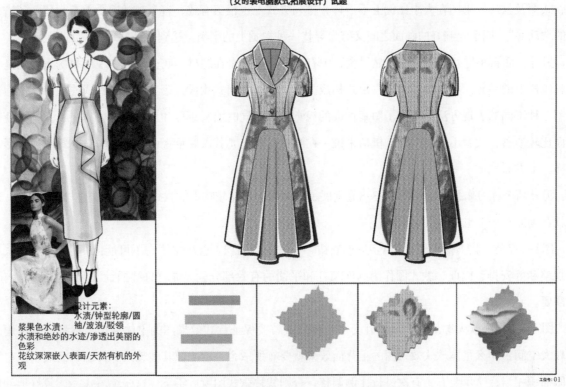

设计元素：
水渍/钟型轮廓/圆
浆果色水渍：　　袖/波浪/驳领
水渍和绝妙的水迹/渗透出美丽的
色彩
花纹深深嵌入表面/天然有机的外
观

图7-8-4　2016年全国职业技能大赛样题习作

拓展设计：连衣裙
设计元素：时尚领/袖结构/直身结构/褶裥造型/蕾丝元素
合·意境——典雅古风屏
细腻的图案肌理/古典饱和的色彩/精致的细节/古色古香
生动的动物形象/精致的花卉造型

图7-8-5　2017年全国职业技能大赛样题习作

地缩小线稿款式图，然后款式图与款式效果图呈水平居中对齐，整个画面看起来端正、稳当；"动"是指款式图及款式效果图在大小比例上不一样，排列方式上也错落有致，整个视觉感受上有起伏、疏密结合的"动势"，四个绘制好的画面之间又努力寻找一种视觉上的平衡，达到一种"动态"的美感。

另外，面料小样及色彩绘制区显得统一中有变化。统一是在题材、底色上所表现出来的；区别是在面料纹样上的差异，第一块图案是自由式构成，第二块是几何式构成，第三块是对称式构成，三块面料使用三种不同的表现方法，丰富了图案构成的视觉效果，同时面料小样和色彩之间留有一定空间，使得画面比较通透，久看不累。因此，概括来说，在画面布局上尤其需要重视面积大小、空间距离以及形式多样三个方面。

另外两个练习作品图7-8-7、7-8-8分别展示了两种廓形比较特殊的款式，A型连衣裙与O型外套。这两款在画面布局上也需要引起重视。

图7-8-7是一款下摆比较大的A字形连衣裙，在款式图面积上就决定了它不可能像H型直身型款式那么规整和好安排，因此，款式图作为画面填补和平衡的有效部分就只能"见缝插针"，以满足画面构图的需要。

图7-8-8是一款大廓形呈圆形的外套，这种款式若要保证款式效果图的主体突出，则势必会占用画面较大空间，那么主体款式效果图的正背面效果就要有所取舍，不能像其他款式那样正背面效果图占用空间面积相当，这里要有主有次进行比例调整，否则线稿款式图就放不下。这张练习作品比较好地处理

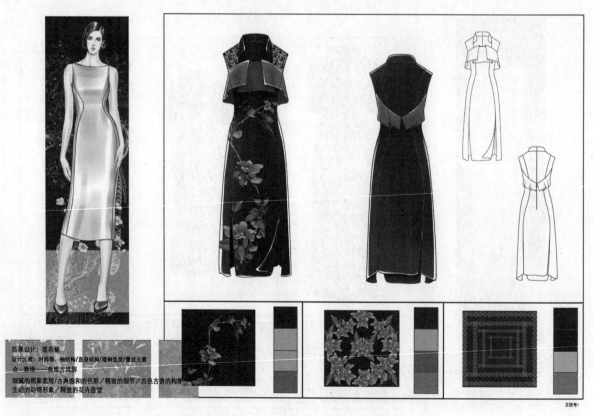

图7-8-6　2017年全国职业技能大赛样题习作

210

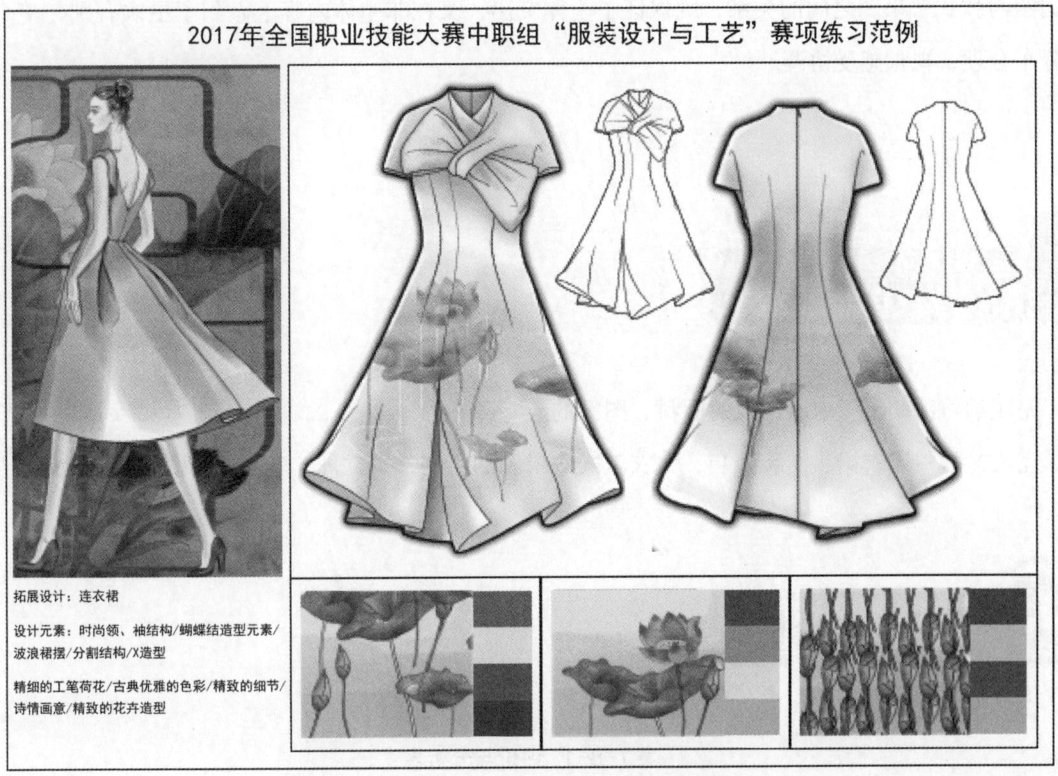

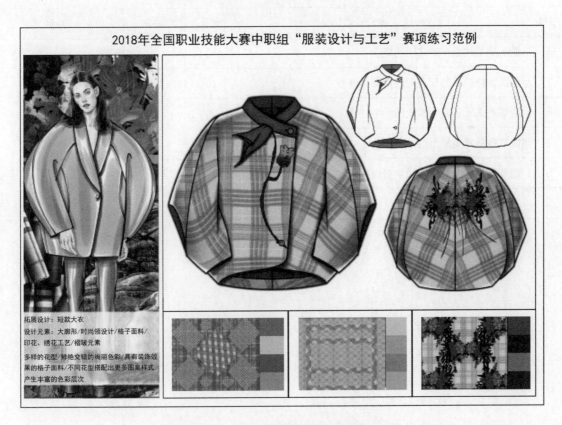

图7-8-7　2017年全国职业技能大赛样题习作

图7-8-8　2018年全国职业技能大赛样题习作

了款式图与款式效果图之间的关系，既保证了主体突出，又在非主体内容上做到了主次有别，整个画面空间分布合理，视觉感受协调。

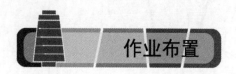

作业布置

1.完成学习活动6、7中所涉及的面料、图案的绘制各一幅。

2.完成衬衫、连衣裙、西装外套、大衣款式效果图的绘制各一款。

评价与分析

表 7-8-1 评价与分析表

班级		姓名		学号		日期	
序号	评价要点			配分	得分	总评	
1	能准确描述系列款式图的概念			10			
2	能准确概括系列款式图设计的关键点			10		A □（86~100）	
3	能够熟练绘制系列款式图			30		B □（76~85）	
4	能掌握款式效果图的绘制方法			30		C □（60~75）	
5	能和其他同学交流沟通学习内容			10		D □（60 以下）	
6	及时完成老师布置的任务			10			

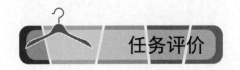

任务评价

表 7-8-2　活动过程评价表

班级			姓名	学号		日期	年　月　日			
评价指标	评价要素					权重	等级评定			
							A	B	C	D
信息检索	能有效利用网络资源、工作手册查找有效信息					5%				
	能用自己的语言有条理地去解释、表述所学知识					5%				
	能将查找到的信息有效转换到工作中					5%				
感知工作	是否熟悉工作岗位，认同工作价值					5%				
	在工作中是否获得满足感					5%				
参与状态	与教师、同学之间是否相互尊重、理解、平等					5%				
	与教师、同学之间是否能够保持多向、丰富、适宜的信息交流					5%				
	探究学习、自主学习不流于形式，处理好合作学习和独立思考的关系，做到有效学习					5%				
	能提出有意义的问题或能发表个人见解；能按要求正确操作；能够倾听、协作、分享					5%				
	积极参与，在产品加工过程中不断学习，提高综合运用信息技术的能力					5%				
学习方法	工作计划、操作技能是否符合规范要求					5%				
	是否获得了进一步发展的能力					5%				
工作过程	遵守管理规程，操作过程符合现场管理要求					5%				
	平时上课的出勤情况和每天完成工作任务情况					5%				
	善于多角度思考问题，能主动发现并提出有价值的问题					5%				
思维状态	是否能发现问题、提出问题、分析问题、解决问题、创新问题					5%				
自评反馈	按时按质完成工作任务					5%				
	较好地掌握了专业知识点					5%				
	具有较强的信息分析能力和理解能力					5%				
	具有较为全面严谨的思维能力并能条理明晰地表述成文					5%				
自评等级										
有益的经验和做法										
总结反思建议										

等级评定：A：好　B：较好　C：一般　D：有待提高

表 7-8-3 活动过程评价互评表

班级			姓名	学号		日期		年 月 日		
评价指标	评价要素				权重	等级评定				
						A	B	C	D	
信息检索	能有效利用网络资源、工作手册查找有效信息				5%					
	能用自己的语言有条理地去解释、表述所学知识				5%					
	能将查找到的信息有效转换到工作中				5%					
感知工作	是否熟悉工作岗位，认同工作价值				5%					
	在工作中是否获得满足感				5%					
参与状态	与教师、同学之间是否相互尊重、理解、平等				5%					
	与教师、同学之间是否能够保持多向、丰富、适宜的信息交流				5%					
	能处理好合作学习和独立思考的关系，做到有效学习				5%					
	能提出有意义的问题或能发表个人见解；能按要求正确操作；能够倾听、协作、分享				5%					
	积极参与，在产品加工过程中不断学习，提高综合运用信息技术的能力				5%					
学习方法	工作计划、操作技能是否符合规范要求				5%					
	是否获得了进一步发展的能力				5%					
工作过程	是否遵守管理规程，操作过程符合现场管理要求				5%					
	平时上课的出勤情况和每天完成工作任务情况				5%					
	是否善于多角度思考问题，能主动发现并提出有价值的问题				5%					
思维状态	是否能发现问题、提出问题、分析问题、解决问题、创新问题				10%					
自评反馈	能严肃认真地对待自评				15%					
互评等级										
简要评述										

等级评定：A：好 B：较好 C：一般 D：有待提高